先進35社の
挑戦から読むＡＩの未来

ディープラーニング活用の教科書：

深度學習的商戰必修課

人工智慧實用案例解析，看35家走在時代尖端的日本企業如何翻轉思考活用ＡＩ

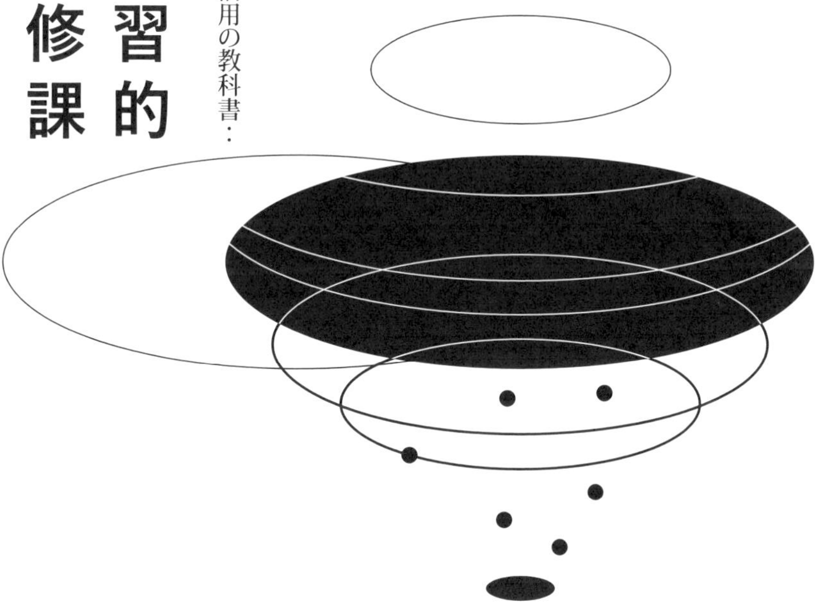

日經 x TREND——編
日本深度學習協會——監修
葉韋利——譯

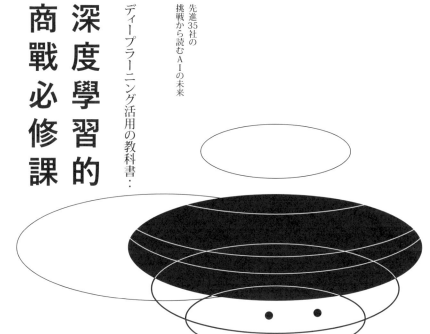

對零售對品牌來說，沒有「對的資料」，就沒有ＡＩ。唯有正確的資料，機器才能理解、學習。但是零售數據龐雜，線上線下數據異質性高，我看到許多品牌，光要打通線上線下資料，再進而資料可以正確一致，就面臨非常巨大挑戰。縱使有再強的ＡＩ算力、演算法，沒有對的資料，是做不到虛實融合（ＯＭＯ），遑論ＡＩ帶來的龐大效益。如本書所提，ＡＩ並非萬能，要站在實際應用場景來設計，才會做出讓企業致勝的武器。現在距離不需要人的時代還很遙遠，要使用ＡＩ驅動企業競爭力，就要回到如何理解ＡＩ、善用ＡＩ，這才是未來十年的重點，也是本書精髓。

——**何英圻**　91APP董事長

人工智慧應用科技的目的，事實上不是要取代人，而是要取代人的某些耗費心力的勞動與時間投入，使得人類從繁雜的勞動中被解放出來，從而投入更有創造性與決策性的心智活動。因此人工智慧在企業上的應用，其實是一種分層負責與決行的概念，讓所有能夠被清楚定義（Well Defined）與數量化，且不牽涉到動態競爭賽局的決策，賦權給人工智慧來處理過程中的決策資訊，而最後由人類來審核與拍板。除了解釋決策者給予的問題之外，人工智慧的下一步，將是從大量結構性與非結構性的資料當中，看到決策者所看不到的問題。因此人工智慧對企業管理的未來，有如數位的斷層掃描儀，一層一層診斷與凸顯企業的問題。既然是診斷企業，就要有大量的臨床成功病例，這本書提供了三十五家日本各領域先進企業應用人工智慧、精進企業經營的實際案例，值得任何有志於探討企業管理議題的讀者參考。

——**呂曜志**　台北海洋科技大學副校長

數位轉型從以往的數位化、ＩＴ升級階段，正式進入以ＡＩ為核心驅動的商業轉型階段。ＡＩ技術經過多年發展，已經快速商品化，變成人人可用。現在，一位不會寫程式的行銷人員，都能輕易上手ＡＩ工具，來改善工作流程和成效。iKala 提供以ＡＩ為核心的商業轉型解決方案，在六個國家，服務超過三百五十間、橫跨超過十二種產業的企業客戶，親身參與ＡＩ在不同商業場景的落地和實踐。本書以場景分類出發，有條有理歸類不同企業使用深度學習技術改善商業流程的方式，諸多案例令人大開眼界，值得一讀。

——**程世嘉**　iKala 共同創辦人暨執行長

本書彙整了大量人工智慧應用案例，透過訪談先驅者的第一手材料，理解人工智慧應用是如何在既有工作流程中進行顛覆式創新。譬如怎麼樣讓豬排丼看起來更美味、如何系統性偵測路面坑洞、如何實現挖土機自動挖掘作業。

在終章更整理了實務專家在商務運用的關鍵議題，包含場景、資料、人才、外援、預算。精讀本書有助於讀者建立有效的決策，創造有價值的應用，本人誠摯推薦。

——**謝宗震**　智庫驅動公司知識長

在產業中應用深度學習技術，需要資料科學家、資料工程師、軟體工程師、使用者經驗、行銷等等不同領域的人才。要讓這麼多不同領域的專家合作和溝通，相當有挑戰。也許需要更多像書中所提的「左右開弓型」人才。本書中舉出許多ＡＩ在日本產業上的案例，很值得參考。

——**魏澤人**　國立交通大學ＡＩ學院副教授

前言

開心玩著俄羅斯方塊遊戲的三歲幼童，三年後打敗世界級職業圍棋棋士，再過兩年像專業醫師一樣診斷出眼部疾病。

這裡以超早熟天才兒童為例，不過事實上確有其事。這是二〇一〇年創立的英國深度學習（deep learning）研發公司 DeepMind 部分實際成果。二〇一三年，該團隊發表了單純以俄羅斯方塊電玩遊戲畫面來學習攻略的人工智慧（ＡＩ）「ＤＱＮ」（deep Q-network），立刻在研究人員之間引起廣大回響。二〇一四年，DeepMind 被 Google 收購，二〇一六年以「AlphaGo」戰勝職業棋士的創舉，相信大家都有所聞。根據該團隊在二〇一八年發表的論文，目前針對五十種以上的眼部疾病，能夠以頂尖眼科專業醫師百分之九十四點五準確率的水準做出診斷，向病患提出治療的優先順序。

在這五、六年間，你成長了多少？你的公司發展出多少新業務和新產品？這段期間，扮演第三波人工智慧熱潮領頭羊角色的深度學習，正以銳不可擋之姿進化。

人工智慧相關人才的薪資飛漲，即使是新人，美國科技公司也開出年薪三千萬日圓等級的條件來爭取好人才。今後將是深度學習跨出學術研究領域、深刻改變商業市場的時代，不僅是技術人員，多數商務人士也必須具備運用深度學習的知識。或許不久之後，這樣的技能會成為常識，相當於英語和閱讀財務報表的能力。

之所以這麼說，是因為深度學習能夠改變所有產業中的所有業務，蘊藏著創造新事業的潛力。在本書第一章中，時任東京大學研究所工學研究科特任副教授的松尾豐指出，深度學習可能和印刷術、電、電腦等一樣，都屬於「通用技術」。網路科技同為通用技術，在發展二十年後緊追上來的深度學習，目前正處於一九九八年 Google 創業當時的階段，接下來正要邁入業務開花結果的關鍵時期。

本書並不是探討深度學習技術，而是希望藉由多個實際案例，找出運用的「模式」。

在第二章至第四章中，以第一章擔任解析的松尾先生提出的「以深度學習為基礎的人工智慧技術發展」為基礎，分類介紹實際案例。解讀的重點在於深度學習能創造出什麼樣的新事業、針對既有業務做哪些改善、應該如何收集哪些資料來讓人工智慧分析，以及如何設計人工智慧與人類或機械的任務劃分等。第五章作為案例的特別篇，統整「創作」領域近期陸續增加的案例。

第六章邀請協助運用人工智慧的專家，解答目前企業在商務運用上經常遇到的問題和狀況。人工智慧絕非萬能。想運用於實際商務，必須分析業務步驟，設計出哪些適合交給人工智慧，才是成功的捷徑。從先行者的挑戰、付出的過程，應該能看出日後推動成功運用的關鍵。希望各位能從這樣的觀點閱讀本書。

本書由專精市場行銷和創新的數位媒體「日經xTREND」編輯。由一群長期關注企業最先進數位策略、新事業策略的專業記者負責撰文，相信是一本很有系統地歸納統整深度學習應用案例的重要參考書籍。

目次

第三章［Step2］扮演「五官」角色，預測行動、偵測異常

第五章 拓展至「創作」業務的運用範圍 243

第六章 理解商業運用關鍵的六大疑問 283

深度學習的商戰必修課

第一章

深度學習的發展預測

原先要花五天進行的黑白影像上色作業，縮短為一天；每年花費約一千四百小時檢查影像異常偵測的作業，工時減少一半；研發出只要放上商品就能立刻計算總金額的結帳系統；計程車協會藉由預測乘車數量，讓每輛車每日增加兩千日圓營業額；保險公司將原本花一小時製作的估價單縮短為五分鐘，增加商談的機會；在重型機械上增設自動挖掘功能的承包商……。

這些不過是本書中介紹的日本企業運用深度學習的一小部分成果。人工智慧取代了部分的業務流程，創造出全新的價值。此外，即使人工智慧的實力較人類略遜一籌，但因為不感疲勞，沒有誤差，加上能夠持續工作，最終仍能達到超越人工的成果。因此之故，目前越來越普遍的做法是接受結果，並由人來做最後的判斷。

至於實現人工智慧的核心技術，近年來漸受關注的「深度學習」，究竟是什麼呢？簡言之，深度學習就是模仿大腦機制打造的一種機器學習，實現人工智慧的手法之一。

目前的人工智慧以機器學習為主流。機器學習不是由人類明確提供解決問題的規則，而是讓機器自行從資料中學習規則，目標是找出資料背後的某些趨勢或規則，分析現象或進一步預測。以機器學習處理的演算法之一是類神經網路（neural network）。這是模仿人類大腦的模型，由輸入層、隱藏層和輸出層等三層結構，在輸入之後反覆多次單純的變換，然後輸出預測的結果（圖表1-1）。

深度學習的特色是有多層重疊的隱藏層，因為層次的深度，而有「深度學習」之名。

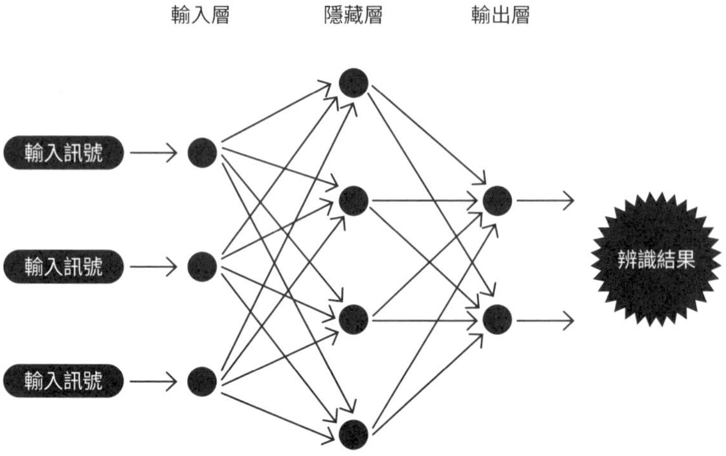

圖表 1-1　深度學習基本結構示意圖

深度學習現況

一九五〇年代開始，模仿大腦的模型漸受矚目，但各式各樣的問題不斷出現，始終無法達到實用化。進入二〇〇〇年代後，電腦性能提升，能夠透過網路收集大量資料，且有效處理這些大量資料，讓深度學習的研究一舉出現重大轉變。

二〇一二年，這項能力受到廣泛認同。重要原因之一來自Google的研究「貓臉辨識」。藉由在類神經網路上觀看大量張貼於影音網站YouTube的圖片，成功將內在特徵抽象化。

在另一項全球性的視覺辨識競賽「ＩＬＳＶＲＣ」（ImageNet Large Scale Visual Recognition Challenge，ImageNet大規模視覺辨識挑戰賽）中，加拿大多倫多大學教授傑佛瑞・辛頓（Geoffrey E. Hinton）率領的團隊，使用類神經網路的「supervision」（監督）手法，相較於前一年冠軍百分之二十五點八的誤差率，硬是減少了近四成，降至百分之十六點四，大獲全勝。

後續的優勝隊伍也開始運用深度學習，持續降低誤差率。「深度」逐年增加，二〇一二年至二〇一三年的優勝隊伍用了八層的網路架構；二〇一四年的優勝隊伍Google「Inception」，竟有二十二層。二〇一五年，獲勝的微軟亞洲研究院（Microsoft Research Asia, MSRA）的何愷明（Kaiming He）團隊，甚至用一百五十二層的類神經網路來學習。

隨著影像辨識的準確率提升，全球各大資訊科技公司亦將大筆資金投入研發深度學習。順帶一提，二〇一八年該項競賽的優勝者是經營中國最大搜尋引擎服務的百度（Baidu）。

中國僅是國內服務就能收集到龐大資料，條件得天獨厚，大量投資人工智慧研發，一舉追上原本領先的加拿大和美國。

下一個出現轉變的時機是在二〇一六年。Google 收購了英國 DeepMind 研發的圍棋人工智慧 AlphaGo，在同年三月與韓國職業棋士李世乭九段的五局對弈中獲得壓倒性勝利。AlphaGo 以四勝一敗的戰績，徹底顛覆了一般預期的結果，讓許多預測職業棋士將大勝的人跌破眼鏡，對日、中、韓圍棋界帶來巨大震撼。在電視、報紙等媒體爭相報導下，企業經營者開始體會到人工智慧確實可能將改變世界。

據說 AlphaGo 在研發階段「由圍棋高手以超過三千萬個棋步來訓練，準確預測下一步棋的機率可高達百分之五十七」（引自 Google Japan Blog「AlphaGo：用機器學習下圍棋」）。換言之，這是學習了大量人類對弈資料的成果。

新一代的「AlphaGo Zero」不再倚賴過去的人類對弈，而以「自學」的方式來學習。僅指導圍棋的基本規則，之後反覆自我對弈來提升實力，經過三天的實驗，AlphaGo Zero 與 AlphaGo 對戰達到一百戰全勝的成績。

目前深度學習的主流是「監督式學習」（supervised learning），準備大量作為正確答案的資料提供學習。然而，AlphaGo Zero 是在沒有正確資料的情況下反覆試誤學習，藉由在成功時給予人工智慧回饋來讓機器變得更聰明的「強化學習」（reinforcement learning），也就是一種「非監督式學習」（unsupervised learning），充分展現出這種手法的潛力。

這些成果成為「人工智慧超越人類」的代表性範例，使得人工智慧取代人類工作的想法變得更加具真實性。目前日本國內有不少已經完成實驗階段，準備邁向實用化的實例。

深度學習的發展路線圖

企業為了將以深度學習為主的人工智慧技術納入業務，投入龐大資源，對於今後人工智慧技術如何發展自然有很深的期待。

關於這個領域，多數企業參考時為東京大學研究所工學研究科特任副教授的松尾豐所製作的「以深度學習為基礎的人工智慧技術發展」（路線圖）（圖表1－2）。讓我們根據松尾老師的解說來詳讀這張圖表。

這張路線圖的起點是二〇〇七年，「深度學習」一詞首度出現在研究論文中。這張圖預測自這個時間點開始至二〇三〇年後，會有哪些技術實現，又會因而產生哪些應用案例。

二〇一二年，作為技術發展基礎的(1)影像辨識技術啟動後，進一步朝著(2)多模式辨識（multimodal recognition）、(3)機器人學（robotics）、(4)互動（interaction）、(5)符號接地（symbol grounding）、(6)知識擷取（knowledge acquisition）等步驟進展。

松尾說明，「這張路線圖只是將過去人工智慧領域的各項研究重新排列組合。」過去人工智慧研究將重心放在(5)和(6)的語言分析理解及知識擷取。然而，實際環境無法僅以結合語言這個符

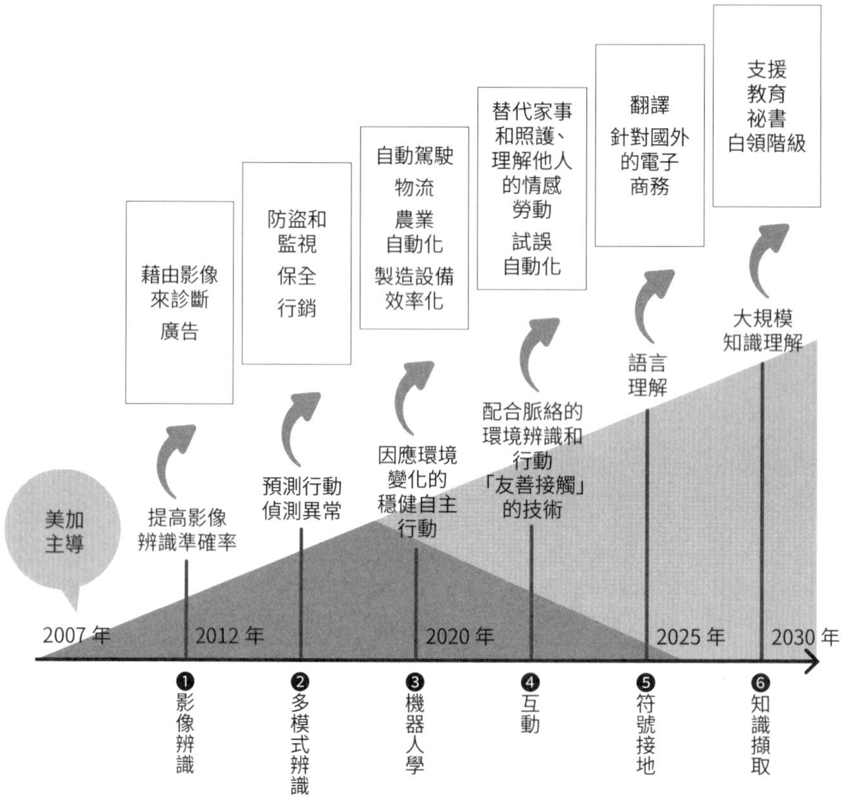

圖表 1-2　以深度學習為基礎的人工智慧技術發展

出處：日經 xTREND 根據東京大學研究所特任副教授松尾豐的圖表製作

號來處理和理解。「一九六〇年代至一九七〇年代開始了解到(1)影像辨識對於實現研究的重要性。」（松尾）

在電腦性能提升的情況下，深度學習得以實用化，針對包括(1)影像辨識等現實社會的辨識能力也大幅提高，為(5)、(6)的研究鋪路。由於這張路線圖是根據過去的研究成果製作，不會因單一企業的研究開發結果受影響，當前的情況與二〇一四年松尾製作當時並無太大變化。

(1)影像辨識

二〇一二年左右，影像辨識的準確率一舉大幅提升，可以用人工智慧回答拍攝到什麼樣的影像或分辨產品是否正確製造。松尾在其路線圖中列舉應用案例，包括「藉由影像來診斷」、「廣告」等，以及第二章介紹的其他各式各樣實際案例。松尾指出，「嘗試利用影像辨識固然很好，但實際上如何操作和發展為事業，還有很多努力的空間。」要將技術商品化，考驗在商務上的應用能力。

藉由獨家資料反覆學習以準確率作為競爭力，或者朝不同領域橫向發展，還是與機器人之類組合的「致動器」（actuator，將電腦的輸出訊號轉換成物理性運動的機械動力），這些都需要構想能力，才能從影像辨識獲得的資訊來建立新事業。

舉例來說，養殖漁業若利用影像辨識來計算魚的數量，未來或許可以針對每一隻魚分配一個

ＩＤ，藉此進一步管理魚群的行動，掌握每一隻魚的病況，甚至進一步調整養殖環境。零售店裡以影像辨識來掌握來店顧客的行為，了解如何讓顧客願意購買，行銷人員掌握到第一手最精準的資料，有助於之後的促銷活動。

然而，需要留意的重點是，「資料很容易一面倒（收集最多資料的企業勝出）。這麼一來，即使在國內普及，到了國際市場一樣落敗。」（松尾）因此，松尾建議，除了以資料為基礎創造附加價值之外，「最好能夠結合語言、文化、實務或現場等資料之外的因素」。以物流或優步（Uber）這樣的汽車派車服務來說，目前駕駛人員的品質成為公司的重要資產。想進入全球市場，不能只靠資料。松尾說，包括店鋪和商品的差異化、營運成本，以及與物流的合作等「這些實務上的結合也很重要」。特別是像影像辨識這類逐漸商品化的技術，更考驗著在強大的本業上運用深度學習的能力。

(2) 多模式辨識

近來急速進化的技術是(2)多模式辨識。大家對「多模式辨識」一詞可能有些陌生，這個詞彙其實是指「複合式處理影像、語音和各種偵測到的資訊」（松尾）。不僅透過影像，還配合偵測到的多種資訊，針對對象物的理解也會大幅提高。

因此，得以預測行為、偵測異常，應用案例包括「防盜和監視」、「保全」、「行銷」。從監視攝影機的影像找出身體微恙的人或可疑人物，這類功能逐漸走向實用。

影像辨識運用「ImageNet」等公開的圖像資料集，使研究人員不斷提高辨識模式的準確率，但影片方面的資料集目前仍不足夠。因此，松尾認為，「影片方面雖然比圖像來得困難，但（像影像辨識同樣普及運用）只是時間的問題。」

松尾指出，這項多模式辨識的技術用來理解哪些事物如何運用獲得的資訊，以及思考橫向發展的潛力，在商場上至關重要。關於如何更普及通用，必須發掘各式各樣的創意。一次與某些研究人員閒聊時，松尾提出是否可以運用在測謊儀器上的問題。無論透過語音或影像，如果有八成的準確率偵測出測試對象說謊，應該就能讓所有企業運用於洽談業務，包括金融機構審核貸款申請等。

能夠進一步深入理解真實社會的多模式辨識，將是提升下一步如自動駕駛或機器人效率不可或缺的技術。

(3) 機器人學

下一個實現的技術是(3)機器人學。藉由實現「因應環境變化的穩健自主行動」，期待應用於「自動駕駛」、「物流」、「農業自動化」、「製造設備效率化」等方面。「robust」（穩健的）一詞聽起來很陌生，這個詞是指能夠彈性因應外在因素變化。以自動駕駛來說，經常出現許多無法預測的變化，例如對向車輛、行人、天候等因素，未來可望具備因應這些變化的能力。

預期二〇二〇年前後，機器人學將開始實用化，但松尾呼籲儘快落實，「講到機器人，日本的機器人技術固然強大，但把類人型（humanoid）設想得太困難。其實不必要，只要有簡單的致動器就行了。」例如，用手拿起食物插成一串的單純作業，能運用影像辨識搭配簡易的機械設備來完成。

我們對於機器人和機械很理所當然地要求正確性，松尾表示，若有了深度學習的幫助，「機器人和機械就算沒那麼正確也無妨」，並舉例「夾娃娃機的機械手臂即使沒有強大握力，一樣能靠軟體（人類的 know-how）來夾取商品」，說明藉由深度學習提升「眼」與「腦」這些軟體，即使是規格較低的機器人也能靠學習來完成作業。

松尾說明，「舉凡需要熟練技術的作業和提供高水準服務的所有企業，我認為都應該在人工智慧方面好好投資。」

本書主要介紹實用化進展的(1)～(3)階段案例。接著藉由配合脈絡，得以辨識環境和行動的(4)互動，實現替代家事、照護、情感勞動等，實現(5)符號接地之後，理解真正的意義進行翻譯，使針對國外的電子商務（EC）更加興旺。接下來，以(6)知識擷取來實現支援祕書和白領階級，預估二〇三〇年左右達到這個階段。

這個步驟掌握關鍵的是「符號接地問題」。這類問題是指當人工智慧面對符號（symbol）無法正確接地（grounding）到所指的事物時，便無法操作。舉例來說，人類認為「斑馬」這個符號代表的是「有斑紋的馬」，但人工智慧只會將「斑馬」識別為其他的符號，因為人工智慧無法像人類一樣理解實際狀況。

松尾說明，「目前的語言處理有一半都是騙人的，並沒有理解真正的意義。人工智慧即使寫了新聞報導或小說，也只是在沒有完全理解的情況下寫的，因此完成的程度很有限。」

運用人工智慧的推動過程中，若能藉由影像來辨識外界，並由機器人在與外界的試誤學習中擷取出外界的特徵量，符號落地的問題可望解決。這麼一來，便能從外界獲取大量的語言資料，在知識擷取上突破瓶頸。

深度學習是通用技術

關於未來人工智慧應用發展的預測，不可不提松尾的另一項看法：「深度學習應該會成為一種『通用技術』（general purpose technology, GPT）吧。」

通用技術正如其名，意即原理單純且共通性高，可以套用在各種狀況的技術。自古以來的通用技術，包括動物家畜化、車輪、書寫、印刷術等，還有之後的鐵路、電、汽車等，乃至近期的網路（圖表1-3）。這些通用技術在各個不同領域中的應用技術陸續推進，持續帶動整體經濟的成長。

編號	通用技術	時期	分類
1	植物栽培	西元前 9000 ～ 8000 年	流程
2	動物家畜化	西元前 8500 ～ 7500 年	流程
3	礦石精煉	西元前 8000 ～ 7000 年	流程
4	車輪	西元前 4000 ～ 3000 年	產品
5	書寫	西元前 3400 ～ 3200 年	流程
6	青銅	西元前 2800 年	產品
7	鐵	西元前 1200 年	產品
8	水車	中世紀初	產品
9	三桅帆船	15 世紀	產品
10	印刷術	16 世紀	流程
11	蒸汽設備	18 世紀末～ 19 世紀初	產品
12	工廠	18 世紀末～ 19 世紀初	組織
13	鐵路	19 世紀中葉	產品
14	鋼製汽船	19 世紀中葉	產品
15	內燃機	19 世紀後期	產品
16	電	19 世紀末	產品
17	汽車	20 世紀	產品
18	飛機	20 世紀	產品
19	大量生產	20 世紀	組織
20	電腦	20 世紀	產品
21	精實生產	20 世紀	組織
22	網路	20 世紀	產品
23	生物科技	20 世紀	流程
24	奈米科技	21 世紀	流程

出處：日本總務省「全球資訊與通信科技（ICT）
產業結構變化與未來展望相關調查研究」（2015 年）

圖表 1-3　通用技術一覽表

松尾說明，「用電晶體創造一番大事業的是Sony（索尼）。同樣在電氣領域的還有Panasonic（松下電器），引擎方面有豐田（Toyota）拓展業務，至於網路則有Google、Facebook、亞馬遜等。」

松尾近來思考深度學習是否也是一種通用技術。網路發展二十年之後，迎來了深度學習。而在網路領域，一九九〇年左右，任職歐洲核子研究組織（CERN）的提姆．柏內茲─李（Tim Berners-Lee）開發並發表今日的全球資訊網（World Wide Web, WWW）。二十年後，也就是二〇一〇年前後，深度學習開始受到矚目。

深度學習領域的二〇一八年，相當於網路發展階段的一九九八年。當時日本國內企業爭相架設網站，並煩惱如何運用。Google就是在一九九八年創立的。

松尾以這個想法為基礎，提出「Google出現之後，網路產業大幅拓展；同樣地，深度學習將從現在開始逐漸普及」。松尾預測，發展過程中，「網路產業於二〇〇一年曾一度在熱潮過後泡沫化。現在人人把人工智慧掛在嘴邊，但其中有些是真正有實力的公司，卻也有不少『虛有其表』，因此人工智慧或許也會經歷一次泡沫化。但從長遠的未來觀察，毫無疑問必定會成長。」

提供國王般的服務

觀察這樣的發展路線圖，企業該如何將人工智慧技術引進到自家的事業中？松尾表示，「總而言之，想成為大企業必須提供好的服務，讓人感受最棒的體驗。」

例如，富有的國王有自己雇用的廚師、縫製衣服的裁縫師、木匠等，享受專屬的飲食、服裝和住居。相較之下，在餐廳裡和其他人享用同樣等級的美食，可說是中產階級的生活樂趣。

然而，即使在餐廳，如果能辨識出每一位顧客，由機器人針對個人來接待，配合顧客的喜好來烹調，便能實現更好的顧客體驗。換句話說，讓所有人都能感受到過去只有一小群富豪才有的體驗。

松尾研判，包括餐飲、農業、住宅、時尚、娛樂、交通等業界，像這樣保留人們的各項資料，運用深度學習來提供理想服務的企業，就會成為平台業者，提高獲利。

當然，這表示必須與全球性的企業競爭。松尾呼籲，「Google、微軟、Facebook這些公司在(5)符號接地、(6)知識擷取的階段，實力非常堅強。日本企業想要勝出，必須先在堪稱預賽階段的(3)機器人學和(4)互動方面取勝。」在機器人、汽車這些硬體產業，日本企業具有優勢。另一方面，Google提出其企業目標和服務是「整理歸納全球資訊，讓全世界的人都能連結使用」，而微軟提高辦公室效率的軟體，也與人工智慧發展所實現的意義理解和知識擷取有更佳的相容性。在人工智慧進化的情況下，Google、微軟等企業可望大幅提高基礎事業的收益，預期將大規模投資自動駕駛等機器人學領域。

松尾的研究室標榜的任務之一是「鼓勵優秀人才投入新創事業，藉由將新技術回饋社會來打造新的產業生態系」。出身該研究室的人，包括二〇一七年東證Mothers（Market of the high-growth and emerging stocks，創業板指數期貨）上市的「PKSHA Technology」等，成立各式各樣運用深度學習的公司，準備面對「預賽」。

課題是人才不足，業界不約而同開始培養人才

然而，目前面臨人工智慧專才和能夠推動運用深度學習的人才嚴重不足的情形。

日本經濟產業省公布了一份調查報告，針對大數據、物聯網（Internet of Things, IoT）、人工智慧等未來很可能大幅改變產業界的「尖端科技」，預估到了二〇二〇年，相關人才將短缺約四萬八千人（「資訊科技人才最新動向與未來推估相關調查結果」〔二〇一六年六月十日公布〕）。

二〇一六年日本尖端科技的潛在人才需求約十一萬兩千零九十人，但隨著市場需求擴大，預計二〇二〇年將增加為十七萬七千兩百人。因此，預估不足的人數將從二〇一六年的一萬五千一百九十人增加到四萬七千八百一十人。

如前所述，尖端科技領域需要的不僅是深度學習的技術人員，實際商務上的應用能力更是不可或缺。

日本資料科學家協會（Japan DataScientist Society）（東京港區）彙整資料科學家必備的技能組合，提供大眾參考，並定義「商務力」、「資料科學力」、「資料工程力」三項能力。

1. 商務力（business problem solving）：了解課題的背景，歸納並解決商務課題的能力。
2. 資料科學力（data science）：理解資訊處理、人工智慧和統計學等資訊科學的知識，並加以運用。
3. 資料工程力（data engineering）：將資料分析的結果化為具體，且能落實運用的能力。

然而，同時充分具備這三項條件的人才少之又少，集結具備各項能力的人構成團隊來推動，做法相對務實。在深度學習領域，必須以同樣這種做法獲取技能並組織團隊。

致力於解決人才不足問題並推廣促進運用的組織，正是日本深度學習協會（JDLA）（東京港區）。ABEJA（東京港區）、GRID（東京港區）、PKSHA Technology、Cross Compass（東京千代田區）等人工智慧新創企業的經營高層自發性定期聚會，經過大約一年的討論，希望透過培養深度學習的人才來推廣日本企業在人工智慧上的運用，並提升日本的產業競爭力，於是在二〇一七年成立了深度學習協會。

近年來在日本國內引領深度學習研究的松尾擔任協會理事長。該協會主要活動項目為：「促進產業運用」、「向公部門和業界提出建言」、「培養人才」、「推動國際合作」、「與社會對話」等（圖表1－4）

培養人才方面，目標是培養具備深度學習相關知識且能運用在業務上的人才（通用人才），

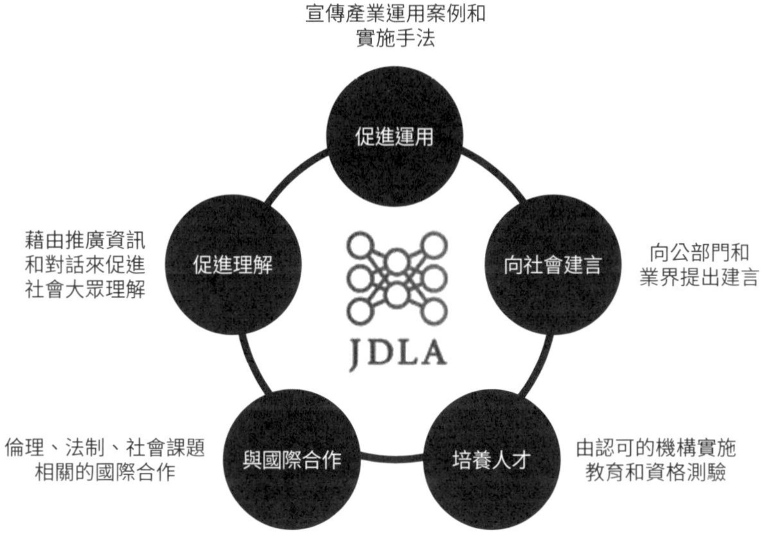

圖表 1-4　日本深度學習協會的活動

以及能夠執行實踐深度學習的人才（工程師）。除了定義各種人才必備的知識和技能，還舉辦資格考試，協會提供認可的業者各項需要的訓練。

具體來說，測驗設有兩類：理解深度學習理論，並能選擇適合方法執行實踐的「E（工程師）資格」；以及具備深度學習基本知識，並能訂出適合方向應用於業務的「G（通用人才）檢定」。E資格的測驗日期是二〇一九年二月二十三日、八月三十一日，G檢定的測驗日期則為二〇一八年十一月二十四日、二〇一九年三月九日、七月六日、十一月九日。*

該協會透過舉辦測驗，訂立目標：「希望讓目前尚屬少數的深度學習工程師人才在二〇二〇年達到三萬人的規模，並培養十萬名真正了解深度學習價值所在的經營者和商業人士」。

未來將可期待運用深度學習的人才肩負起推動企業業務改革和創造新事業的重擔。

接下來的章節將介紹深度學習應用的各種實際案例。藉由多家公司的實例，了解深度學習易於活用的「架構」。

*譯注：此處所載日期為本書出版當時的資料，各年度測驗日期參見日本深度學習協會官網 https://www.jdla.org/。

第二章

[Step 1]

成為人類的「眼睛」
擺脫單純的作業

深度學習進化的象徵是影像辨識能力大幅提升。當然，最尖端的研究仍持續進行，但世界各地針對商業的應用競爭已然白熱化。

自從亞馬遜推出自動結帳的便利超商「Amazon Go」以來，世人感受到既有的商業行為很可能出現一百八十度大轉變。使用者先在智慧型手機專用應用程式上登錄會員資料，應用程式會顯示 QR code，在入口處對著閘門掃描條碼即可進入。然後在店內選購商品，走出店鋪前自動計算結帳金額。位於西雅圖的一號店據說設置了多達五千台攝影機和感測器，掌握使用者和商品的動態。這項技術的核心，就是運用深度學習的影像辨識技術。

乍看以為這是店鋪進階邁向無人化的步驟，其實出乎意料的是一號店有多名店員親切地招呼顧客。借助深度學習，讓店員得以擺脫單純作業的束縛，將更多心力投注於提升服務。

日本國內有不少以「日版 Amazon Go」為目標的企業，開始展開行動。本章介紹這些充滿企圖心的挑戰案例。

case 01 Signpost

以影像辨識實現自動結帳的無人櫃臺，與人的合作比辨識準確率更重要

亞馬遜自動結帳的便利超商「Amazon Go」引起熱烈討論之際，日本國內有企業運用深度學習的技術，加上持續研發新產品，讓顧客不必再排隊結帳。Signpost研發了提供無人收銀功能的「Wonder Register」和「Super Wonder Register」。短時間內迅速商品化，背後的原因來自社長蒲原寧明確訂出的方針。

二〇一七年十一月，東日本旅客鐵道（ＪＲ東日本）大宮站出現無人商店。這是Signpost研發的未來型無人店鋪「Super Wonder Register」實地測試。使用者從貨架上拿取食品或飲料時，架上裝設的攝影機會偵測到並由人工智慧進行辨識，自動計算購買金額。使用者在最後的結帳區只要讀取交通系統ＩＣ卡，就完成結帳。二〇一八年十月開始，在東京都赤羽站開放以一般消費者為對象，進行為期兩個月的測試，一步步朝實用化邁進。

赤羽站的「Super Wonder Register」實驗店鋪外觀與內部示意圖。在店鋪入口使用交通系統電子錢包刷卡進入（上），拿取商品之後在出口處的顯示器辨識購買商品和金額，用交通系統電子錢包結帳

將排隊結帳當作社會課題來面對

Signpost的主要業務是針對金融和公共領域，提供資訊科技諮詢及解決方案。蒲原社長提到當初投入研發自動結帳設備的背景，「我在二〇〇七年創業，最初目的是想使用資訊科技解決經營課題和社會課題。藉由提供資訊科技諮詢和解決方案來累積資金，研發結帳系統。鐵道運輸系統的閘門可以使用ＩＣ卡感應，汽車也能使用ＥＴＣ系統感應付費。然而，每天有這麼多人使用的超市、超商，卻得大排長龍等待結帳。所以，我希望能解決這項社會課題。」

投入研發自動結帳系統不久，二〇一二年開始，蒲原社長持續關注深度學習的發展。當時正是深度學習在研究領域第一線受到矚目的時期。「走在路上看到擦肩而過的人，通常可以瞬間辨別出對方是男是女。這種人類無法說明卻就是知道的能力，能以電腦來實現的深度學習，我覺得非常有意思。」（蒲原）

於是，Signpost與電氣通信大學研究所情報理工學研究科教授柳井啓司進行產學合作，研究深度學習的內容，二〇一七年完成了Wonder Register。Wonder Register是可以架設在店鋪結帳櫃臺上、內建人工智慧的自動結帳系統。顧客只要自行把想購買的商品放在Wonder Register的商品臺上，攝影機就會將讀取的影像經由深度學習技術分析，鎖定商品項目，立刻顯示結帳金額，顧客可以使用交通系統ＩＣ卡感應結帳。從放上商品到結帳，大約五秒就可完成。

二〇一七年，曾在電氣通信大學校內合作社實際測試Wonder Register約三個月，之後正式

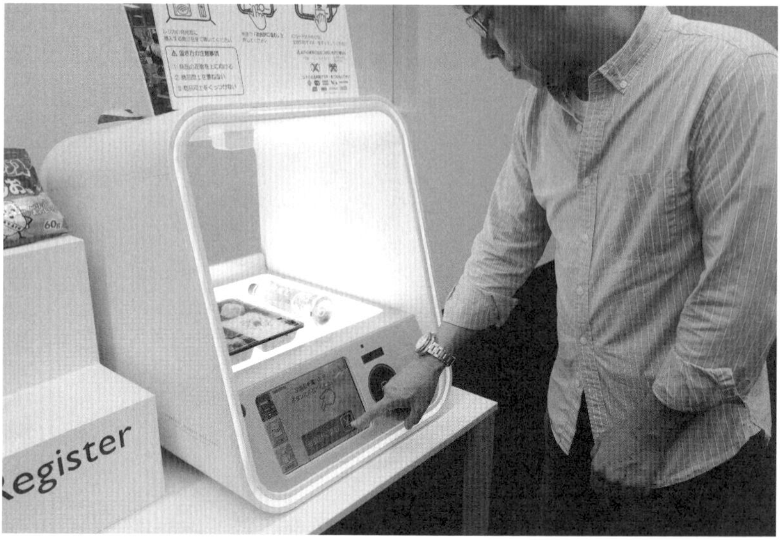

放上商品即可藉由影像辨識來計算金額的「Wonder Register」（本節照片攝影／菊池 Kurage）

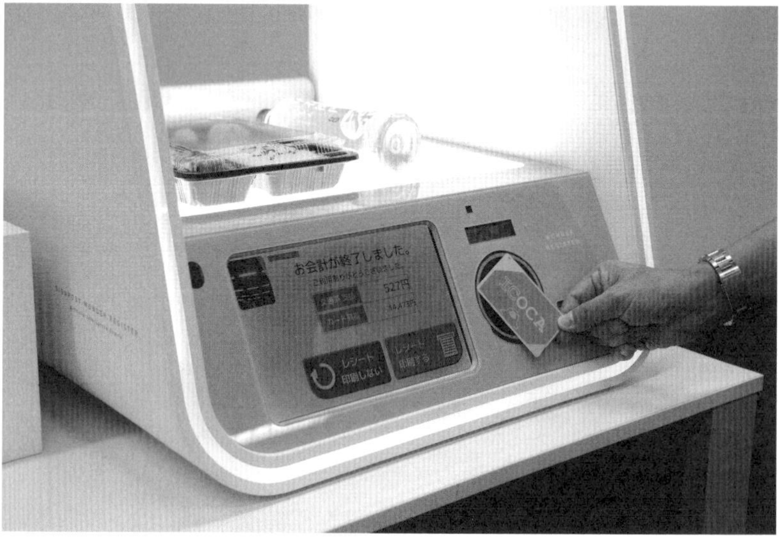

「Wonder Register」可用交通系統 IC 卡結帳

商品化，由Signpost推出上市。二〇一八年七月，開始在一家大型企業的員工餐廳上線運作，銷售便當，可識別二十種口味便當和三種味噌湯。同年九月，JCB信用卡高田馬場辦公室開始展開實地測試。自動結帳的無人商店離我們的生活越來越近。

不知道的東西就會判斷「不知道」

在自動結帳系統的研發上，蒲原經歷各式各樣的試誤學習。「我們也跟東京都立產業技術研究中心研究過用X光照射來辨識，但由於無法反射而不能辨識商品顏色，以及對於使用X光仍有疑慮等問題，最終放棄了運用於結帳櫃臺。接下來，我們試圖將購物籃中的狀況完全重現在電腦上，但如此一來必須在每個購物籃上裝設攝影機，面對電源、通訊、盜取等課題。後來，我接觸到了深度學習。」（蒲原）

整體概念是以攝影機為「眼」，加上運用深度學習的人工智慧當作「腦」，取代傳統在結帳櫃臺的人工作業。蒲原表示，「簡化基本設計，但以確實完成作為優先考量。」使用無線射頻識別系統（radio frequency identification, RFID）的結帳方式已經實用化，但秋刀魚等生鮮食品很難貼條碼或裝IC晶片。蒲原的看法是，「人類可以用雙眼來判斷所有商品的差異。既然如此，使用人工智慧的系統不必裝IC晶片，只要用看的來判斷就行。」

用攝影機取得的影像資料，藉由深度學習分析之後，鎖定商品品項。至於辨識率，基本設計階段就設定明確方針：「即使辨識率無法達到百分之百，剩下的部分由人類來輔助即可」。當然，研發目標是藉由深度學習達到百分之百的辨識率，但實際在第一線使用時，絕不可能完美，多少會有失誤。既然如此，「當深度學習技術無法辨識商品時，直接回應『不知道』，之後再由操作的人員協助。畢竟最終目的是解決排隊結帳和人手不足的課題，並非追求百分之百的辨識率。」（蒲原）

想接近百分之百，要花十年時間進行技術研發；但若運用率達到百分之九十，就能立即商品化。蒲原決定的關鍵，在於前提為人工智慧無須達到百分之百，只要有完善的業務跟進配套，就能儘快祭出對策，解決目前面對的社會課題。

未來也會成為收集商品圖像資料的事業體

除此之外，Wonder Register 在影像辨識上具備能一口氣辨識臺上所有商品的能力。「除了辨識商品的形狀和顏色，還能判讀包裝和標籤上的文字。店內不會販售人看不懂的商品，因此對於能夠辨識影像和文字的深度學習技術而言，辨識商品完全沒有問題，可以充分掌握。事實上，電氣通信大學已經讓系統登錄辨識大約兩千種品項，目前使用起來完全沒問題。」（蒲原）

在新商品的登錄上，Wonder Register 使用了另一套登錄專用的硬體。用專用軟體來讓深度學習系統「記住」商品。這種商品登錄的方式，就像有專門登錄條碼的公司，類似「中樞」的公司統整登記新商品，提供 Wonder Register 專用。

將購買日用品變成「愉快」的場所

Wonder Register 是運用深度學習技術的解決方案，有助於解決店鋪人手不足的問題和降低成本。這種做法不僅實踐了在便利商店和超市內的無人自動結帳模式，預料將有助於不易找到銷售人員而導致經營困難地區的銷售。

「即使現在地方上『地產地銷』的聲浪高漲，實際上卻沒有銷售地產商品的地點，也缺少販賣人員。但只要在沿路車站等地設置Wonder Register，人手不足仍能販賣。就算是農產品這類不容易貼條碼、設置ＩＣ晶片的商品，利用Wonder Register的優點，便能藉由辨識影像來結帳。這可說是連結地方創生的解決方案。」（蒲原）

此外，對使用者來說，這種方式提供了趣味性。藉由深度學習系統同時辨識結帳臺上所有商品，並顯示結帳金額，這樣的流程是全新體驗，為購物帶來趣味的附加價值。尤其在大宮站實測的「Super Wonder Register」，充滿娛樂性。店內在寬九十公分的貨架上各架設四台攝影機，共計約一百台，掌握商品的動態。另外還有三台攝影機捕捉使用者的動態。使用者進入商店後的動態，以及從架上拿下放進購物籃的商品，都由人工智慧來辨識。使用者看到出口螢幕上顯示的總金額之後，用交通系統ＩＣ卡感應結帳。

蒲原說明，「實際觀察測試狀況，發現顧客進入設有 Super Wonder Register 的透明隔間之後，好像進入遊樂設施，享受購物樂趣。我看過全家人很開心來購物，深感震撼的模樣。我認為這同時提供了運用深度學習技術購物的近未來體驗樂趣。」

另一方面，除了深度學習這類先進技術之外，也重視配合人工作業。例如，購買酒類和菸品時，必須由店員判斷消費者是否年滿二十歲。Wonder Register 沒有在深度學習系統中搭載這項功能。「需要確認消費者年齡時，交給店員就行了。此外，Wonder Register 裡有攝影機，可以運用遠端遙控聚焦執行的方式來確認年齡。我們徵詢過律師，年齡確認只要能以影像確認身分證明文件，即使是遠端遙控也沒問題。」（蒲原）

無法辨識的情況下，由人工作業來因應。像這樣均衡運用深度學習與人工作業，對經營者來說可以解決成本和人力的問題，同時能為顧客提供便利性和購物樂趣。

case 02 Trial Holdings

用約七百台自行研發的人工智慧攝影機「實際A/B測試」

繼領頭的亞馬遜之後，日本國內和國外許多電子商務企業紛紛與實體店鋪合作，收集資料並確保新的收入來源。這種情況讓原先採取實體店鋪路線的超市等零售業，開始全面運用人工智慧或大數據來展開反攻。九州福岡地區的超市「Trial」開設裝有約七百台「智慧型攝影機」（人工智慧攝影機）的店鋪，積極展開人工智慧的運用。

Trial位於福岡市的「Supercenter Trial Island City店」，外觀只是一般的大型超市，但一進到店內，景象截然不同。全店設置多達約七百台人工智慧攝影機，主要裝設在天花板。攝影機分成兩種，約六百台主要用來辨識陳列貨架和商品，其他一百台負責辨識人。

連人工智慧攝影機也貫徹自行研發精神

人工智慧攝影機方面，就像資訊科技系統和服務一樣，Trial都貫徹自行研發的精神。控股公司Trial Holdings執行董事松下伸行技術長（CTO），過去曾經是Sony負責數位相機業務的

Trial 公司運用人工智慧的店鋪「Supercenter Trial Island City 店」（福岡市）

軟體工程師，他強調，「現在是零售業也要自行研發人工智慧攝影機的時代。Trial 有自己第一線的賣場，可以研發出新的人工智慧攝影機，將掌握消費者動態的需求考量在內。」

首先是成本面。松下技術長認為，過去成本非常高，「但現在因為有智慧型手機和相關技術運用，低成本也能自行研發。」Trial 在日本全國約有兩百間店，若以一間店設置五百台攝影機來計算，總共十萬台，「如果有一定的訂單規模，以一台五千日圓估算，委託中國等地廠商生產就能納入考量。」（松下技術長）

技術面的門檻也降低，因為現在作為運用人工智慧雛形的框架選擇變多了。包括 Google 的「TensorFlow」、加州大學柏克萊分校的「Caffe」（Convolutional Architecture for Fast Feature Embedding，快速特徵嵌入的卷積結構）、人工智慧新創企業 Preferred Networks（ＰＦＮ，東京千代田區）的開源深度學習框架「Chainer」、Sony 的開源神經網路函式庫「NNabla」等，應有盡有。「已經到了幾乎不必花費研發成本，就能使用人工智慧影像辨識演算法的時代。」（松下技術長）

在這樣的考量下，Trial 以採購舊型智慧型手機的方式，調度了六百台人工智慧攝影機。上市當時三萬日圓左右的機種，現在降價到一萬日圓以下。松下技術長說明，「這些智慧型手機並不是性能不佳，只因為是過季機種，因此變得便宜。少了一些不必要的功能，恰好符合我們所需的處理。」

掌握貨架陳列狀況和顧客對商品的接觸度

以人工智慧攝影機辨識的影像資料為基礎，還可以進一步分析商品貨架的陳列狀況，以及來店顧客對商品的接觸度等。

在具體的購買行為上，有時消費者就算拿了商品仍會心生猶豫，最後又把商品放回架上。為了掌握這類行為，會從拍攝到的影像中刪掉人，只掌握貨架上的商品位置或方向的差異程度。

確實購買時，商品會從貨架的影像中消失。要掌握人的動態，一秒需要五、六張影像；如果是掌握貨架的變化，一分鐘只要拍攝一張照片就夠了。管理者的畫面上只要顯示以每十分鐘到三十分鐘間隔的熱點圖，便能充分掌握貨架的變化。

貨架前方很多人通過，商品卻沒什麼動靜，或者相反的情況，都能用於分析每項商品的包裝設計、商品正面是否朝向顧客、堆積陳列商品的方向等陳列方式，對於購買行為的影響程度。

例如，在事前準備的測試中發現，啤酒區即使通過的人不多，到了這一區的人卻都會購買。「針對各式各樣的假設，顧客實際上會有什麼樣的行為，進行實際的A／B測試*。」（松下技術長）

也測試了 Panasonic 的人工智慧攝影機

另一種主要負責辨識人的人工智慧攝影機是 Panasonic 生產的專用機型。

這款機型用來推測經過的人數、性別和年齡層等。這個攝影機的特色是，它是只需攝影機單機，就具有處理功能的邊緣運算（edge computing）†型設備。考量來店顧客的隱私，在拍攝到的影像中僅擷取特徵，刪除影像本身的資料。換言之，從影像擷取出性別、年齡（年齡層），但影像資料不會留在攝影機裡。後端不需要辨識影像用的電腦。

設計方面亦經考量。為了消除壓迫感，採取相對流行的設計。具體辨識率雖然沒有公開，據稱經過以往的測試，已能掌握性別和年齡層的誤差率，正進行修正。

攝影機收集到的資訊包括來店消費者總人數、前往各賣場的方式、停留時間，以及顧客在店內的行為模式等。過去的店鋪以銷售點管理系統（point of sales, POS）‡資訊來掌握，不容易了解顧客在店內的購買行為。若是利用攝影機，即使沒有會員卡或與親友同行卻沒有購買的顧客，

＊譯注：一種隨機測試，將兩個不同的東西（A和B）進行假設比較，用以測試某一變量兩個不同版本的差異，常用於電子商務網站，透過分析使用者體驗（UX）來優化介面。

†譯注：一種分散式運算的架構，將應用程式、數據資料和服務的運算，由網路中心節點，移往網路邏輯上的邊緣節點來處理，可以加快資料的處理和傳送速度，更適合處理大數據。

‡譯注：一種廣泛應用於零售業、餐飲業、旅館等行業的電子系統，主要功能為統計商品的銷售、庫存和顧客購買行為。

也能一併掌握他們來店的其他行為。

該公司舉出運用深度學習的實際案例：製作豬排丼。

二〇一七年六月，Trial 公布人工智慧運用策略，Trial 控股公司永田久男董事長提出運用人工智慧的實例，就是熟食區的豬排丼。Trial 在賣場實際測試。究竟是怎麼回事？其實這項做法的目的是讓豬排丼看起來美味誘人，而且成品品質一致。

讓任何人都能做到資深人員的裝盤方式

豬排丼看起來美味誘人的關鍵，在於「洋蔥」、「蛋」、「蔥」、「飯」的配置均衡感。「如果蛋是半熟的滑嫩狀態，看起來會更美味。」（松下技術長）然而，在店鋪廚房製作豬排丼的工作人員未必都是專家，經常因為當天負責人員不同，導致做出的豬排丼看起來美味程度天差地別，影響銷售量隨之變動。這實在是一大課題。

於是，先在廚房的調理臺安裝人工智慧攝影機，展開由人工智慧進行影像辨識的實驗。將豬排丼的成品用類似卡拉ＯＫ評分的方式，自動數值化，希望藉此穩定供應的便當，每個都像熟手製作的可口便當。這些結果也作為表現良好員工加薪的依據，並希望由此指導其他做得欠佳的人。比方說，影像辨識了炸豬排的部分之後，劃分出多個區域，接著用「以炸豬排在百分之Ｘ以上為基準」的形式來判斷（次頁下方照片的左上角）。

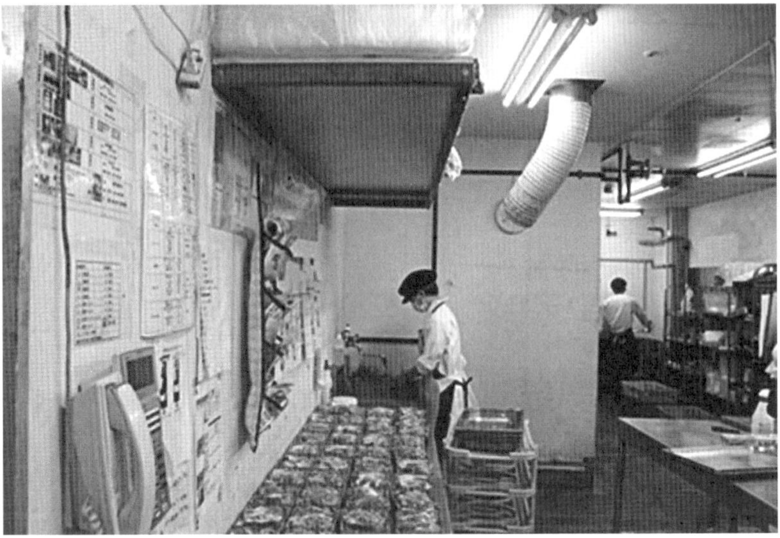

烹調豬排丼的作業場。藉由上方的人工智慧攝影機拍攝後，搭配智慧型手機來判斷成品優劣

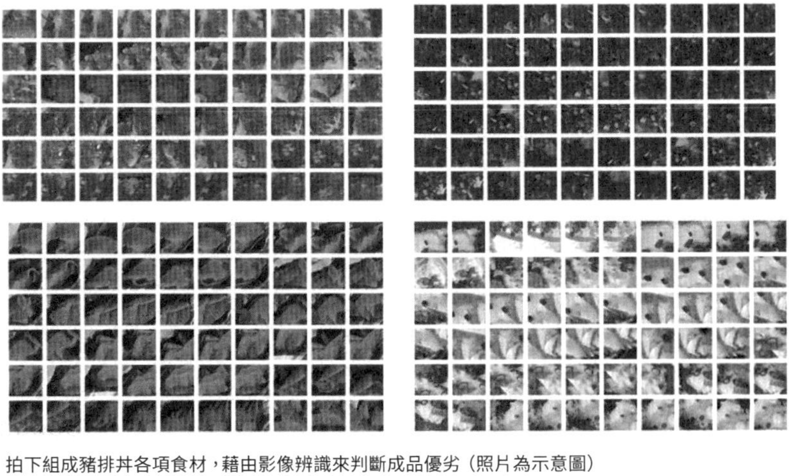

拍下組成豬排丼各項食材，藉由影像辨識來判斷成品優劣（照片為示意圖）

松下技術長表示，「偶爾有把炸豬排誤判為洋蔥的情況，除此之外幾乎沒什麼問題。目前我們正在評估，透過更改食材資料庫，除了炸豬排，還可以加入散壽司、幕之內便當等，運用於各式便當和熟食。」現階段雖然尚未決定將人工智慧豬排丼的配置導入實際店鋪，但可以確定的是，實驗得到的結果對人工智慧其他橫向發展運用大有助益。

區別「香菇山」與「竹筍村」

賣場裡使用人工智慧攝影機來辨識商品和處理動態影像。

在商品辨識方面，如果以像超市陳列在貨架上為前提，那麼不需要準備進行全方位的影像學習，相對容易。不過，明治巧克力零食「香菇山」（きのこの山）與「竹筍村」（たけのこの里）*這種相似的商品包裝，就連深度學習系統也會辨識錯誤。因此，必須將各自的商品包裝特徵數據化，再加以辨識。

只要包裝的方向或角度稍微改變，就能判斷有顧客從架上拿走商品又放回去。僅靠通過收銀臺的ＩＤ或銷售點管理系統資料，無法得知顧客這類行為，藉由個別辨識商品包裝，可以隨時掌握商品即將缺貨。

動態影像處理亦為重要關鍵。為了判斷顧客是否確實從架上拿起商品，運用拍攝貨架的影像，對於拍攝到顧客的畫面該如何處理也是一項課題。對此，藉由人工智慧處理將顧客視為動態物體，以影像處理方式消除。松下技術長解釋，「反過來說，只擷取出動態物體，就能辨識人。這方面現在只需要運用應用程式介面（ＡＰＩ），也變得簡單了。」

除此之外，可掌握有多少顧客通過哪些地方、在哪個貨架前停下腳步等。這些資料都可以依照時間順序來掌握。換言之，即使有很多顧客在貨架前停留，實際上卻沒有購買，仍可以從時間順序來了解這些狀況。

在Island City分店實際測試一個月之後，發現在商品接觸的傾向上，啤酒和零食並不相同。具體來說，在陳列這類商品的冷藏櫃前，消費者會很精準地下手購買指定品牌啤酒，實際上透過通路購買的比例也很高；另一方面，零食區則看到很多人再三猶豫才購買。

此外，在中央通道設置的特賣區「中央貨架」所擺放的六罐裝啤酒或箱裝啤酒，從角落等識別度高的地方開始接觸商品。松下技術長的感想是，「我們用人工智慧攝影機的分析，了解消費者到一般貨架上多是指名購買，在中央貨架則是受到吸引才購買。」

智慧型手機的攝影機，加上影像處理技術，讓人工智慧多了「眼睛」。藉此可以達到如同資深人員的表現，持續記錄二十四小時、三百六十五天的資料，還能加以分析。

＊譯注：「香菇山」和「竹筍村」分別於一九七五年和一九七九年發售，零食外形分似香菇和竹筍，外包裝為色彩鮮豔的鄉間景象，圖案相近。

case 03 VAAK

日版「Amazon Go」的實驗，以人工智慧實現預防竊盜技術

二〇一八年十月，影像分析人工智慧先驅企業VAAK（東京港區）與書店及超商展開合作，進行無人店鋪實地測試。VAAK運用影像分析技術和深度學習，持續研發建置無人商店服務「VAAKPAY」。經過實測，改善演算法之後，目標定在二〇一九年春季正式展開業務。

VAAK成立的宗旨，是將監視攝影機影像中可疑人物的行為數據化，藉以研發解決方案，事先察覺竊盜行為加以預防。VAAK由DEEPCORE出資成立。DEEPCORE是軟體銀行集團的子公司，專門協助運用深度學習創業的人士。

監視攝影機影像中的顧客行為、可疑人物的行為，以及與過去竊盜犯高相關性的行為模式等，以這些作為學習資料，組合深度學習和機器學習，讓人工智慧進行學習。在約十間分店設置攝影機，進行實地測試，實測之前已經讓人工智慧學習超過兩萬支影片。「我們針對容易遭竊的店鋪和位置進行徹底的分析。」（代表董事田中遼）

經由學習，每當人工智慧偵測到有人把商品放進包包或口袋，或者在店內出現東張西望之類可疑的舉動，就會在店內廣播「目前正加強防竊巡視」，藉由事前預測並配置便衣保全警衛（防

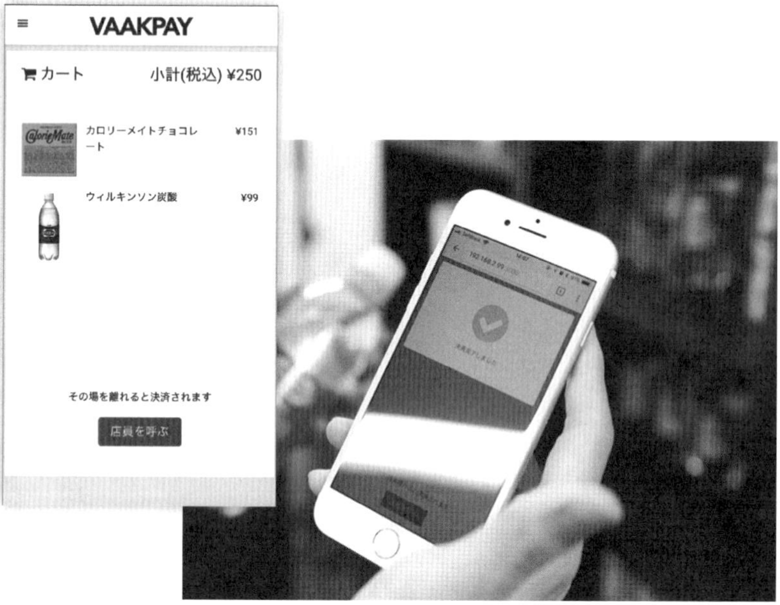

以影像分析技術加上深度學習實現的無人商店「VAAKPAY」，目標希望達到只要拿了商品走出店鋪，就可使用應用程式中登錄的信用卡自動完成結帳

扒竊警衛），防止竊盜行為。

實現不需要感測器的無人商店

二〇一八年四月，運用這項研發防止扒竊解決方案所培育的技術，開始展開VAAKPAY的研發。VAAKPAY是在智慧型手機上使用的結帳應用程式。導入這套系統的店鋪，顧客只要讓店內攝影機讀取應用程式上顯示的QR code就能進入店內，系統藉此掌握進入店鋪的消費者，進到店內只要拿走商品，應用程式上的購物車自動加入這項商品。直接離店後，便會用已經登錄在應用程式內的信用卡來完成結帳。

這樣的結帳服務正實現了日本版的Amazon Go。換言之，分析監視攝影機影像的技術，不是用於偵測竊盜相關性高的可疑舉動，而是偵測取走哪一個貨架上的商品。特點在於只要配合既有的攝影機影像和影像分析技術，不需要另外裝設專用感測器也能導入使用。

VAAKPAY正式上線之前，VAAK先在超商和書店進行實際測試。選擇進行實測的地點，比如必須有特定大樓通行證的員工才能進入店內，亦即限定使用者的店鋪。透過限定使用者，降低類似刻意竊盜等風險。僅是運用現有的影像分析技術，雖然知道商品被取走，卻無法具體知道是哪項商品。因此，第一個星期，離店時先刷條碼，讓這項商品的資料與用影片分析的行為資料搭配起來，人工智慧就能掌握哪個人取走哪件商品。

田中表示，「使用者眾多的店鋪，我們預計一星期的來客數是一千人。如果每一項商品收集到十人份的購買資料，應該能分析到一定的準確率。」VAAK自家公司內設置的示範空間，已經能以高準確率掌握拿走哪一項商品，並自動加進應用程式裡的購物車。

VAAKPAY設定運用在小型超商或藥妝店。「尤其深夜時段無人超商的需求更高。」（田中）每一次更換貨架上的商品，就必須有新商品的學習資料。目前盡量從更換商品不多的店鋪開始導入。至於付款方式，未來將朝多種支付途徑發展，如列入行動電話通話費合併支付。

此外，接下來將致力研發與數位電子看板相關的行銷服務。「據說來店顧客有計畫購物的僅兩成，其餘八成顧客是來到店鋪之後，看見喜歡的物品或看到商品才想起來要買，也就是非計畫購物。」（田中）因此，將顧客在店內的行為與VAAKPAY的購買資料結合分析，就能在數位電子看板上顯示推薦商品。希望未來得以實現這類即時行銷的策略。

* * *

以上是運用於通路第一線的實際案例，接下來介紹辦公室業務的應用實例。

Case 04 日本可口可樂 Coca-Cola Japan

分析社群網站的圖像貼文，掌握消費情境

隨著口耳相傳帶動消費的影響力越來越大，企業間透過社群網站來發布資訊、收集和分析資訊的情況日益普遍。過去分析口碑，多半是收集貼文，看看對於自家公司的品牌抱持正面或負面看法，並分析敘述中通常提到哪些詞彙。

然而，近來社群網站上越來越多人分享影像，最具代表性的是「Instagram」。因此，日本可口可樂致力分析這些圖像，實務上由 BrainPad 公司負責分析。

從十萬張圖像來分析飲用情境

首先，使用 BrainPad 提供的社群網站分析工具「Crimson Hexagon ForSight Platform」中品牌商標搜尋（Logo Search）的功能，從社群網站的分享圖像中鎖定有可口可樂飲料品牌的圖像。

接下來，使用 Google 透過雲端提供、運用深度學習分析圖像的人工智慧「Google Cloud Vision API」，排除廣告或自動販賣機中出現的品牌商標等非飲用情境的圖像。

篩選後約十萬張圖像，藉由這個應用程式介面來辨識與品牌商標一起拍攝到的物體、背景和人物表情。接著以共現網絡（co-occurrence network）、階層式分群（hierarchical clustering）*等分析手法，分析大多在哪種生活情境飲用、通常一起搭配什麼食物、是否根據季節活動有不同的消費傾向等。為了將大量圖像轉化為可統計分析的資料，必須先運用影像分析人工智慧。

對於屬於消費性的食品業廠商而言，掌握自家公司產品在生活情境中的消費狀況，是深入了解消費者心理的重要課題。從這個實際案例可知，即使是透過雲端利用的通用影像分析人工智慧，也足堪重任。

*譯注：一種資料分群的方式，將資料層層反覆進行分裂或聚合，產生最後的樹狀結構。

case 05 損害保險日本興亞 Sompo Japan Nipponkoa Insurance Inc.

大幅縮短製作估價單的時間，增加保險提案的「打數」

損害保險日本興亞研發了一套「輕鬆拍估價」（カシャらく見積り）系統，只要用平板電腦拍下保險證正反面的照片，五分鐘內即顯示該公司中對客戶有利的同類型汽車保險估價單。這套系統已經實際上線超過一年，並經過多次改善，包括針對沒有拍好無法進行估價的圖像資料再次學習，努力提升準確率。

二〇一七年九月，損害保險日本興亞的業務人員開始使用這套強大的工具。例如，汽車經銷商業務員談成生意之後，用平板電腦拍下客戶汽車保險證的照片，五分鐘內就能製作一份對客戶最有利的保險產品估價單。一般來說，即使是精通汽車保險的資深人員也需要花上一小時，能夠大幅縮短時間，成功簽約的效果十分顯著。

購車後保險提案困難的原因

保險業務人員從系統「SJNK-net」開啟「輕鬆拍估價」之後，只要拍攝保險證的照片即可。

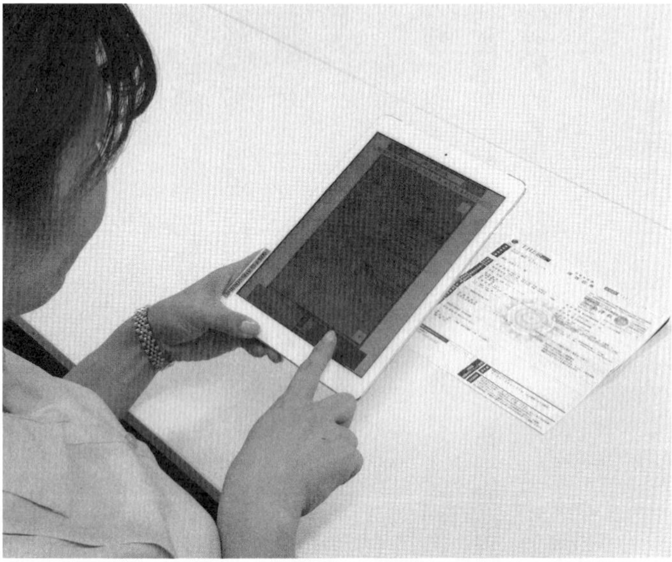

只要用平板電腦拍攝保險證的正反面照片，深度學習的學習模型就能加以數據化，五分鐘內顯示在同類型中，損害保險日本興亞對顧客有利的汽車保險估價結果

當初導入時只有 iPad 版，二〇一八年四月完成 Windows 版，五月正式導入。

經銷商等服務據點的保險人員對「輕鬆拍估價」系統好評不斷。「跟客戶洽談過程中完全不需要離席，當場短時間內就製作出保險估價單，然後提案。」（經銷商）「在工廠等地的保險櫃臺招攬業務時，不需要讓客戶等候，立刻就能提出估價，成功簽約。」（企業駐點保險業務）

該公司導入這套系統最主要的原因是加強對汽車經銷商的協助。以現況來說，推銷汽車時包括安全設備、維修產品等說明，前後要花上兩三個小時。接下來，還要推銷汽車保險，過程變得太冗長，針對保險總是無法充分解說清楚。尤其若是攜家帶眷的顧客，小孩子更是沒法久候。

即使進入汽車保險提案階段，要將客戶目前投保的理賠內容代換為損害保險日本興亞的理賠項目，必須輸入至業務員的保費計算系統，向客戶提出最有利的理賠方案。這段時間的冗長是最大的課題。另一方面，推銷的專業知識和技巧因人而異，如何達到一致的品質也是課題之一。另一個尚待克服的課題是，雖然平板裝置攜帶方便，輸入卻比較麻煩。

事實上，這套架構運用了深度學習的技術。事先準備隱藏個人資料的五大保險公司的保險證和汽車檢驗卡各約三千張圖片，接著讓深度學習演算法學習證件的排版格式。換言之，學會辨識在保險證的什麼地方記載了哪些內容。在文字辨識方面，則運用雲端上的服務。

二〇一七年二月，損害保險日本興亞開始實際測試；到了三月，評估「可以上線使用」。二〇一六年十月研發初期，也嘗試使用既有的光學字元辨識（optical character recognition, OCR），但每家公司的保險證設計略有差異，每次操作時都必須調整更動，而深度學習技術足以應付這種

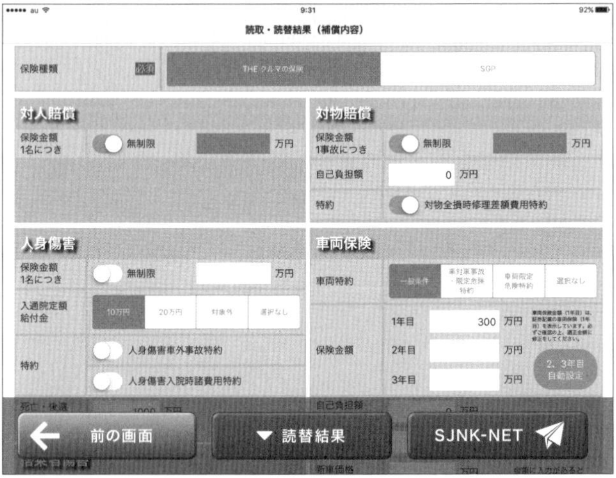

用智慧型手機拍下保險證正面、反面照片各一張，按一下「讀取．代換結果」（読取．読替結果）按鈕（上），就會分析內容並顯示讀取．代換結果（下）

程度的版面更動，因此決定採用這項技術。

增加保險提案的「打數」

損害保險日本興亞在深度學習上的運用，除了如前所述效果明確之外，在數字上也帶來顯著的影響。「推銷汽車後提出汽車保險，能夠確實提高『打數』，即使打擊率相同，簽約的數量也會增加。」（損保控股〔SOMPO Holdings〕資料戰略總監暨資料分析主任中林紀彥）因為這次新研發的應用程式，讓平板電腦的活用一舉提升。

研發應用程式方面，仰賴擅長運用深度學習的人工智慧先驅企業協助。中林說明，「技術方面由敝公司負責。」

系統的學習和執行，全部在集團專用的「人工智慧工廠」進行。人工智慧工廠由收集資料專用的亞馬遜雲端運算服務（Amazon Web Services, AWS）和能即時分析資料並建立及累積學習模式的人工智慧中心，加上連接兩者的ＮＴＴ東日本網路構成。

「輕鬆拍估價」上線初期同樣有無法順利拍照或未顯示估價結果的情況。雖然比例不到一成，但損害保險日本興亞仍加強改善，以便達到即使無法順利拍照仍能進行估價的程度。目前大量收集無法順利拍照且不能估價的資料，重新整理一次再讓人工智慧學習。

Case 06 大東建託 Daito Trust Construction

以人工智慧將租賃物件照片自動分類，每個月減少三千小時的作業

以建設租賃住宅和仲介房屋租賃等為主要業務的大東建託，將自家公司的物件搜尋網站「好屋網」（いい部屋ネット）登錄物件資訊照片的作業，從過去的人工轉向運用人工智慧的系統。由於人工智慧自動將物件照片分類，大量減少工作人員的作業時間。一年大約三十萬筆登錄作業，僅是將照片自動分類一項交給人工智慧，一個月便省下三千小時的作業。

大東建託不動產事業行銷企畫中心媒體戰略課課長阿部將貴表示，「大東建託總共管理一百零三萬戶租賃住宅。地主建屋運用土地，所以出租物件越來越多。另一方面，管理方的人事費用卻不能隨著物件增加而提高。工時有限的情況下，必須提高作業效率來因應。在幾個討論提升業務效率的方案中，有人提出運用人工智慧這個點子。」將人工智慧應用於物件照片，由企畫部門負責，而非資訊系統部門。阿部秉持的態度是，「我們部門的名稱叫做媒體戰略課，實際工作內容跟『萬事通』差不多吧。公司內部有哪些課題，我們就去解決。」

在這個背景下，阿部為了收集資訊參加 Google 主辦的活動，注意到運用深度學習來進行汽車照片分類的案例。他心想這套方法可以運用來推動自家公司的業務自動化。於是，大東建託向

Google 提出希望使用深度學習來為物件照片分類的需求時，後者介紹了致力於運用資料提出解決方案的 BrainPad。二〇一七年秋季，雙方直接洽談，到了二〇一八年一月正式啟動計畫。六月導入測試運用深度學習的物件照片分類系統，七月在大東建託的各個營業所正式上線。從計畫展開歷經半年時間，非常迅速地上線運作。

一個半月達到模型化

使用深度學習建置的系統，目標是希望刊登在網站上的物件照片能配合各個類別來自動分類，達到作業自動化。以往的做法是將案件負責人拍攝的照片，以人工方式依照「客廳」、「廚房」、「廁所」、「浴室」等二十一個類別來區分，登錄為資料。這項作業每一筆需時約十分鐘。雖然一筆資料所花的時間不多，但對於一年需要登錄近三十萬筆物件資料的大東建託來說，總計需要的時間仍然很可觀。使用深度學習技術的自動化帶來的高效率效果非常顯著。

當初 BrainPad 接受大東建託的委託時，很清楚大東建託希望達到的物件照片分類自動化作業，相關條件很適合深度學習。很多案件打算在影像或語音辨識上運用深度學習，但多半面臨學習資料不足的問題。然而，大東建託向來在作業流程中拍攝大量的物件照片，並由案件負責人根據二十一個類別來分類。換言之，累積了大量實務上高水準的資料，可以當作訓練資料。因此，輕鬆克服了導入深度學習第一階段的課題。

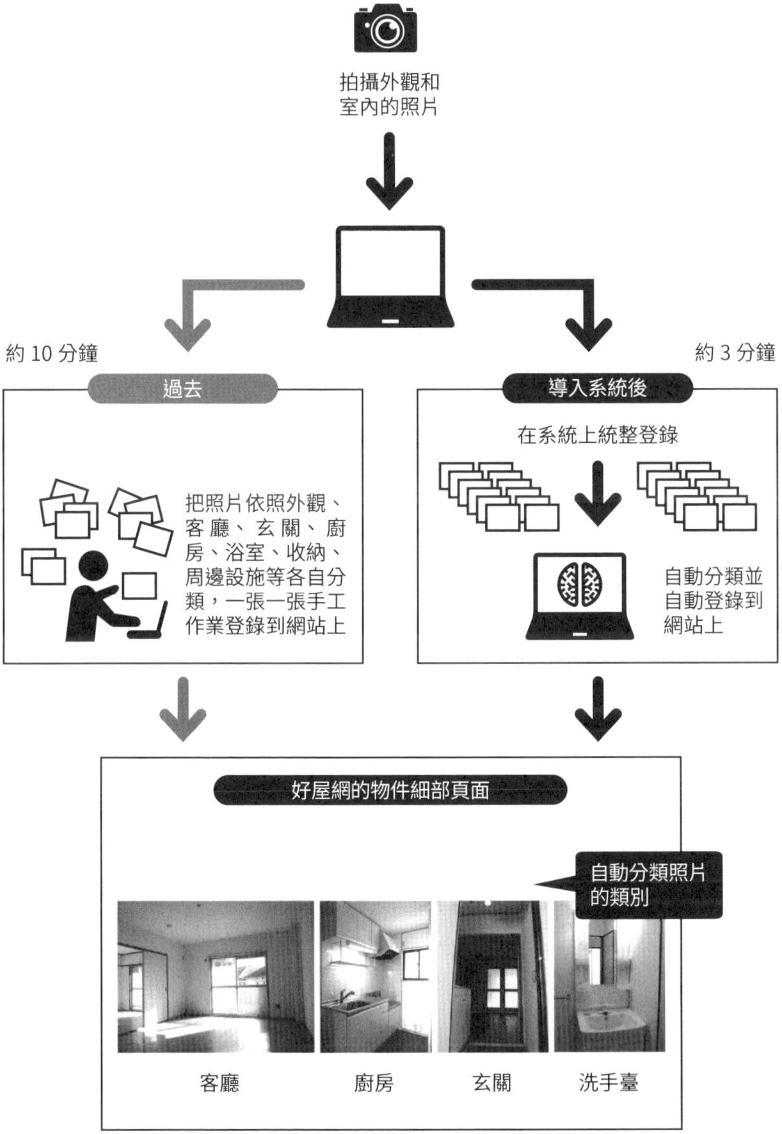

物件照片自動刊登系統示意圖

該公司的深度學習是用Google提供的開源開發框架「TensorFlow」，類神經網路的建構使用「Keras」。此外，在影像辨識上使用具代表性的深度學習模型「VGG16」，並用大東建託多年累積的資料再次學習。這種稱為遷移學習（transfer learning）的手法，是利用現有的模型當作影像辨識的基本模型，再用使用者既有的資料客製化。遷移學習經常用於使用者既有資料較少、模型不易從零開始學習的情況；但以大東建託的案子來說，運用VGG16作為基本模組，加上大量的既有資料，進一步提高準確率。

針對二十一個類別，每個類別各使用兩千至四千張照片來學習。總計多達數萬張圖片，對遷移學習來說是非常豐富的學習資料。BrainPad分析服務本部分析服務部機器學習工程組的須藤廣大說明，「由於採用遷移學習的方式，或許用更少的既有資料仍能建置模型。但類別多達二十一種，實務上累積了豐富的資料量，使用更多資料，可以提高準確率。藉由遷移學習，獲得更快速學習的效果。」

研發模型的過程也有新發現。其中一項發現是預處理（pretreatment）的重要性。這次將物件照片資料分成學習用和驗證用兩種，以學習用的資料來建立模型，再以驗證用的資料評估準確率。在這種情況下，如果學習用和驗證用的資料有過多重複的圖像，對於不熟悉的資料無法推導出正確答案，亦即陷入「過適」（overfitting，亦稱「過度擬合」）的狀態。實務上也有類似的情形，同一個物件的照片因為重複登錄，在幾萬張照片中可能混有相同的。阿部從這次經驗親身體驗了解到，「剔除重複資料的預處理非常重要。」

以深度學習建置的模型來執行分類，會發現分成準確率高的類別和準確率低的類別。Brain-Pad分析服務本部客戶經理早川遼回顧，「有些圖片會在每個類別裡看出強烈的特徵，有些即使在同一個類別也特色模糊。比方說，廚房、廁所、浴室這些地方，任何人都一目了然；出入大廳或『其他用途房間』這些類別的圖片不容易歸納出一致的特徵，很難提升準確率。」事實上，視為「正確答案」的資料包含負責人分類時的主觀看法，很難完全自動化。因此，再次了解到，要自動化到什麼程度，剩下多少比例需要人工作業確認，個中拿捏對實際系統運作至關重要。

追求業務上「容易操作」的系統

雖然出現幾項課題，但整體來說深度學習的模型研發過程仍算順利。實際上，研發模型所需時間大約一個半月。技術方面的課題，在相對短的時間內逐漸解決。另一方面，之所以得花一段時間才能導入測試，很大一部分原因是研發將使用深度學習的自動化功能套用在實務可運用的系統，必須花一些時間。

深度學習所做的影像分類，「不可能達到百分之百的準確率，必須思考人力該如何配合補強。」（阿部）實際上，當系統顯示深度學習的分類結果後，再將照片上傳到網站上公開，仍採取人工檢查的作業方式。即使分類正確，還要經過檢查照片上傳的順序是否符合標準，最後才能公開。「人工智慧以外的部分，委託研發可簡單登錄，讓負責人員容易操作的系統。」（阿部）

畢竟全國各個據點的負責人員未必每個人都很熟悉這套系統。況且，物件照片的分類本身只不過是將物件公開在網路上的作業之一。希望能建立一套系統，讓第一線負責人員不會因為引進人工智慧，為「新用語」傷腦筋，最好是不需要另外閱讀說明書就能順利執行業務。

二〇一八年七月，這個以「容易操作」為目標的物件照片分類系統在「Google 雲端平台」（Google Cloud Platform, GCP）上線運作，所有營業所開始使用。阿部說明，「實際運作之後，在第一線的感覺是『人工智慧跟人工作業一樣，在差不多同樣的地方出錯』。系統提升的效果大致符合原先的預期。」

大東建託的「期待」，是達成削減七成作業時間的目標。意思是，平均十分鐘的作業時間可以縮短到三分鐘，效果顯著。一年三十萬筆資料，每筆登錄花費十分鐘，作業時間共計三百萬分鐘＝五萬小時。如果能減少七成，一年就省下三萬五千小時，每個月將近三千小時。從計畫開始運作正式上線大約半年的物件照片分類系統，對於業務改善的效果今後應該會逐漸顯現。

＊＊＊

接下來介紹的是使用影像辨識人工智慧提升服務附加價值的案例。

case 07 NTT DATA

翻譯手語的小型機器人，設置於銀行櫃臺等窗口協助對話

「哇！好厲害哦！機器人看得懂我的手語耶！」一個唸小學的女孩在智慧型機器人RoBoHoN面前展示手語，RoBoHoN當場用語音表現出手語所傳達的意思。

這個景象出現在二〇一八年夏季，NTT DATA在東京瓦斯位於東京江東區的「什麼是瓦斯？瓦斯的科學館」開設手語教室，舉辦「和機器人一起學手語！」的活動一景。NTT DATA展示了二〇一七年十一月與夏普合作研發運用深度學習讓RoBoHoN能夠翻譯手語的應用程式，到了二〇一八年，這項事業進入正式發展階段。

對RoBoHoN用手語交談，機器人就會發出日語

NTT DATA針對舉辦兒童手語教室作為企業社會責任（corporate social responsibility, CSR）活動的公司，推薦機器人專用的手語翻譯應用程式。負責研發的NTT DATA商務策略事業本部次世代技術戰略室AI解決方案技術指導主任大塚優表示，「RoBoHoN外型可愛，很

受兒童歡迎，最適合用於聚集了許多兒童的手語教室。」NTT DATA公司內部在暑假開設供員工子女參加的手語教室，運用RoBoHoN，指導約十個手語單字，「早安」、「你好」、「再見」之類。

某間銀行的子公司為了支援職場內聽障者與常人的對話，實際測試RoBoHoN的手語翻譯應用程式。未來預計設置在銀行櫃臺，協助與聽障者對話。過去聽障者必須到設有手語服務的分行，或由手語譯者同行到窗口辦理。然而，實際上提供手語服務的分行很少，與手語譯者安排協調時間也很困難。可以想見，各界對於手語翻譯應用程式抱持相當大的期待。

聽障者面對RoBoHoN以手語交談，RoBoHoN會以人工智慧辨識分析手部動作，然後以日語發出符合意思的單字，同時將表達內容顯示在智慧型手機等外部裝置。如果是健全者向RoBoHoN發話，人工智慧辨識發話內容，再顯示在外部裝置。

此外，「根據世界衛生組織的統計，全球聽障人口約三億六千萬人，日本國內包括輕度聽障者有數百萬人，其中需要手語溝通者大約三十二萬人，在照護費用考量上，確實需要另一種新的溝通方式。」（NTT DATA）

可判讀五百個手語字彙

大塚表示，目前的測試原型「可以讀取基礎的五百個手語字彙，相當於手語檢定四級的水

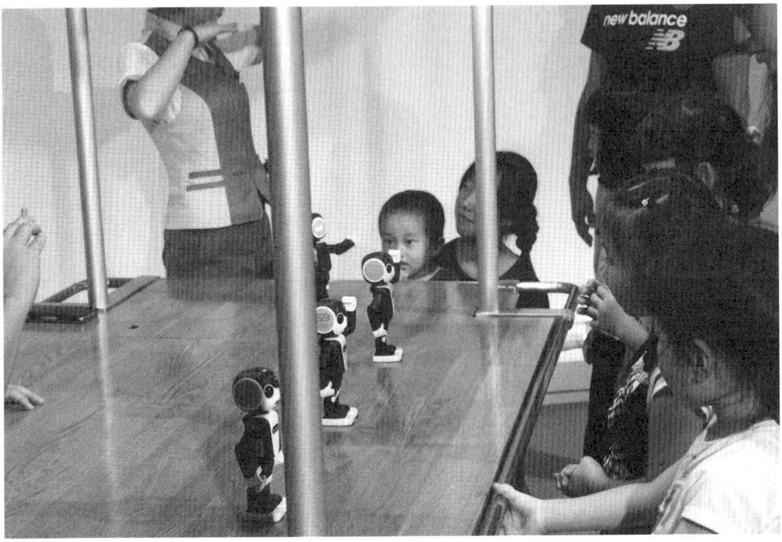

跟著 RoBoHoN 學手語的兒童

準」。手語檢定共六個分級，從五級到一級和準一級，所以還處於基礎的階段。若要運用在銀行窗口，必須學習金融用語專業詞彙。大塚說明，「根據各種業務情境挑選出需要的專業詞彙，讓RoBoHoN學習，針對不同狀況個別因應。」

五百個字彙裡包括日文的平假名、數字、羅馬字母等。這些手語是用手指形狀來表達意思的「指文字」。

研發運用深度學習的手語翻譯應用程式時，要先收集三秒內容的手語影片資料並標註（annotation）代表的意義，作為訓練資料。有時一個詞彙要準備超過五十筆訓練資料。越複雜的字彙，需要越多訓練資料。

訓練資料是委託主要雇用身心障礙者的NTT CLARUTY（東京都武藏野市）。請該公司五、六位聽障員工協助製作。學習資料的內容從指文字等簡單的詞彙到複雜動作的手語，近三百種影片（各三秒）。接著NTT DATA再提供訓練資料給深度學習演算法學習，製成預訓練模型（pre-trained model）。

運用姿態估測模型

大塚解釋，「我們在深度學習演算法上用了好幾個組合。其中一個是姿態估測模型（pose estimation model），很適合擷取出身體的動態。具體而言，擷取出肩關節和頸關節這些身體關節的位置。」這套姿態估測模型可以保留背景特徵，單獨擷取出關節的位置。起初大塚的研發團隊採用卷積神經網路（convolutional neural network, CNN）*，卻遇到會連背景一併學習的問題。後來使用姿態估測模型，解決了這個課題。

姿態估測模型由卡內基美隆大學（Carnegie Mellon University）研發，這項技術可擷取出包括雙腳關節的動態。手語的動作都在上半身，因此只限定在上半身的關節動態，NTT DATA加以改良，提高處理速度，達到高於卡內基美隆大學技術三倍的處理速度。

另一個採用的演算法是長短期記憶（long short-term memory, LSTM）†。這是將使用姿態估測模型擷取出的關節位置資料，依照時間順序連接起來的資料學習。

預訓練模型的演算法，是與NTT DATA少額出資的新創公司LeapMind（東京澀谷區）共同研發。LeapMind擅長在終端進行處理人工智慧的邊緣運算。未來辨識和分析手語動作的處理作業將不只在雲端，預估也能在邊緣節點（機器人或終端）處理。

*譯注：一種前饋神經網路，由一個或多個卷積層和頂端的全連通層組成，同時包括關聯權重和池化層（pooling layer），在圖像和語音辨識上有很好的效果，常見的深度學習結構之一。

†譯注：一種遞迴神經網路（RNN），設計結構獨特，適合處理及預測時間序列中間隔和延遲非常長的重要事件。

case 08 FiNC Technologies

藉由智慧型手機圖像分析，計算食物熱量和判定體態

健康管理應用程式服務商FiNC Technologies（東京千代田區）針對該公司應用程式用戶，提供運用人工智慧來辨識照片中的餐點並計算熱量的功能。該公司希望藉由運用人工智慧，讓免費的服務更充實，並且減輕訓練師和營養師的業務負擔，照顧更多用戶。

FiNC標榜「專精預防領域的健康科技新創事業」，由執行董事CEO溝口勇兒於二〇一二年四月成立。溝口從高中在學期間就擔任訓練師，曾幫助許多頂尖運動員和名人打造強健體格。二〇一八年九月，從樂敦製藥（ROHTO製藥）、NEC（日本電氣）、第一生命保險、資生堂、中部電力、纖維大廠帝人FRONTIER、江崎固力果（Glico）等公司和投資基金，募集到大約五十五億日圓資金（D輪募資）。目前智慧型手機應用程式「FiNC」的下載數已達約三百三十萬次。

可辨識一百三十五種料理

使用人工智慧的料理辨識功能，已經開始提供部分應用程式用戶測試使用。初期可辨識一百三十五種料理，並計算每一道菜的熱量。該公司收集近三十萬種料理的熱量資料，隨時更新。例如，超商常見的炸雞商品，可由「小7炸雞」、「Fami炸雞」、「L炸雞」等名稱來計算熱量。從圖像辨識出的料理對照這套資料庫。

FiNC的應用程式具備記錄體重、飲食、睡眠、步數等功能，根據這些資料提出需要的建議，幫助用戶達到理想體重等目標。有了料理辨識人工智慧，將大幅降低過去必須靠文字輸入飲食紀錄的門檻，記錄的資料更精確，預期應能有效預防用戶流失。

運用龐大的資料量作為強項

這項功能是運用深度學習來研發。從透過FiNC的服務所收集的料理圖像中挑出大約十萬筆，以人工作業加入料理名稱等資訊，當作深度學習的學習資料。起初是由公司內部在部分照片上加註料理名稱，之後進入正式研發階段便將作業委外，一口氣加入許多資訊作為訓練資料。

未來除了透過提供試用所收集到的資料，其他較少人分享的料理由公司自行拍照來收集圖像資料，逐漸增加人工智慧能辨識的料理數量。

FiNC 透過應用程式提供料理辨識人工智慧，以此計算卡路里的畫面示意圖

至於料理圖像的分析技術，W－I T（現更名為asken，東京新宿區）在飲食管理應用程式「asken」上採用Sony研發的技術，國內外都有不少競爭的產品，但FiNC決定自行研發。談到決定自行研發的過程，FiNC代表董事技術長南野充表示，「深度學習的模型本身委外製作無妨，重要的是資料集。FiNC的應用程式下載數達近三百萬，沒有任何一家公司像FiNC這樣有這麼多用戶。」他闡明龐大的資料能夠發揮獨特的強項。分析料理圖像，更容易進行餐飲指導，還能在該公司的事業中做各種不同的應用，這些都是能投資技術研發的背景。

南野坦言，研發過程中最傷神的是「訂出料理的類別」。在照片上附加料理名稱的過程中，曾因判斷類別不正確而得重新分類。後來想到將料理類別改成分層架構，進行起來順利多了。例如，咖哩類之下分成雞肉咖哩、海鮮咖哩、牛肉咖哩等。在辨識上也是先判斷出大類別的料理名稱，等到累積了學習資料之後再進入更詳細的辨識。

然而，靠人工智慧追求完美是很困難的。因此，多數企業的煩惱是要到達什麼樣的準確率才能實用化。南野說明，「我認為要達到跟人相同的水準。」換言之，針對這一百三十五種料理，必須達到與營養師同樣的辨識能力和計算熱量的水準。相反地，其他料理未達充分水準。這其實經過苦心設計，在容易出現錯誤的前提設定下，讓應用程式的使用者介面（U I）方便進行修正，刪去料理的選項或改變數量等。之後希望能做到不僅從圖像辨識料理名稱，還加上估測質量的功能，更精確計算出熱量。

以一百個等級來評估體態的人工智慧

FiNC在人體姿態的診斷上也運用了深度學習。該公司提供「FiNC瘦身家教」的服務，用戶可以接受一對一的飲食和鍛鍊指導。南野分享經驗表示，「在有人陪伴的情況下，用戶的續訂率提高，參與度提高，就會更健康。」

然而，若以免費或低價提供服務，無法讓用戶獲得個別指導。如果能利用人工智慧，「假設將人工作業的一部分轉為自動化，就能提升用戶續訂率和參與度。於是盡可能將營養師和訓練師的作業轉為自動化。」（南野）

其中一項自動化的功能是從二〇一七年底開始，針對每個月支付九百六十日圓（含稅）的尊榮會員，提供由人工智慧診斷體態的服務。過去這項診斷要靠個人訓練師花三十分鐘諮詢，現在可以透過應用程式來提供，並根據診斷的結果，提出適合的訓練方式。基本的概念是藉由正確的訓練矯正體態，變得更健康。

最初開發使用了過去個人訓練師所拍攝的近一千張照片，研發以深度學習來診斷的模型。具體來說，從正面觀察時的左右傾斜，以及從側面看到的駝背情況，各以十個等級來診斷。採取10×10的一百分為滿分來計分。「辨識關節已經是很成熟的技術，我們應用這項技術，然後自行研發評分的部分。」（南野）

比較費神的是使用者介面方面。對使用者來說，自行從正面和側面拍照並不容易。當初曾想

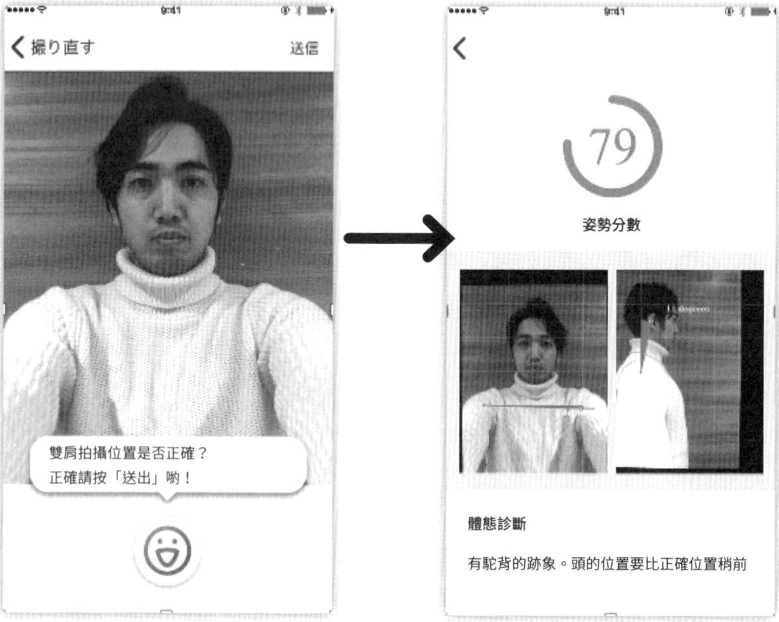

過去由訓練師診斷體態，現在有人工智慧圖像分析功能，用戶可自行以智慧型手機拍照進行診斷

過設定請他人拍照的模式，但 FiNC 的服務宗旨是「用一支智慧型手機讓你更健康」。靠一己之力拍照這一點不能妥協。因此，利用智慧型手機的陀螺儀感測器，在應用程式上設定新的功能，調整到正確角度時裝置會震動，代表可以拍照，就能在正確的角度下拍攝。

未來在提出建議上將更加自動化。南野說明，具體來說，「將以統計型手法和論文型手法兩種方式來因應。」起初是從該公司生活科技小組研究的論文當中，歸納出怎麼做才會更健康，根據這些研究結果提供建議，亦即採取論文型手法。接著運用 FiNC 的強項，「除了敝公司，沒有其他公司能在一個用戶帳號下同時管理步數、睡眠、體重、飲食等資料。」（南野）從這些資料了解哪些人比較健康，將得到的結論套用於指導用戶。

服務研發與人工智慧研發的「雙刀派」

FiNC 的人工智慧研發專精於深度學習，由正式員工和實習生組成團隊。員工當中有自然語言處理、影像分析等各領域的專家；另一方面，關於深度學習的模型研發，開發服務的工程師加入團隊。這樣的人員配置出自南野的考量，「相較於只讓懂人工智慧的人來做，加入了解使用者體驗（UX），甚至包括資料累積流程，以及要求的回應速度等細節的工程師，才能打造出更好的服務。」因此，要培養懂得服務研發與人工智慧研發的「雙刀派」人才。

照片之類的資料在雲端上設定統一管理、權限管理，工程師可以根據需要加以運用。南野說

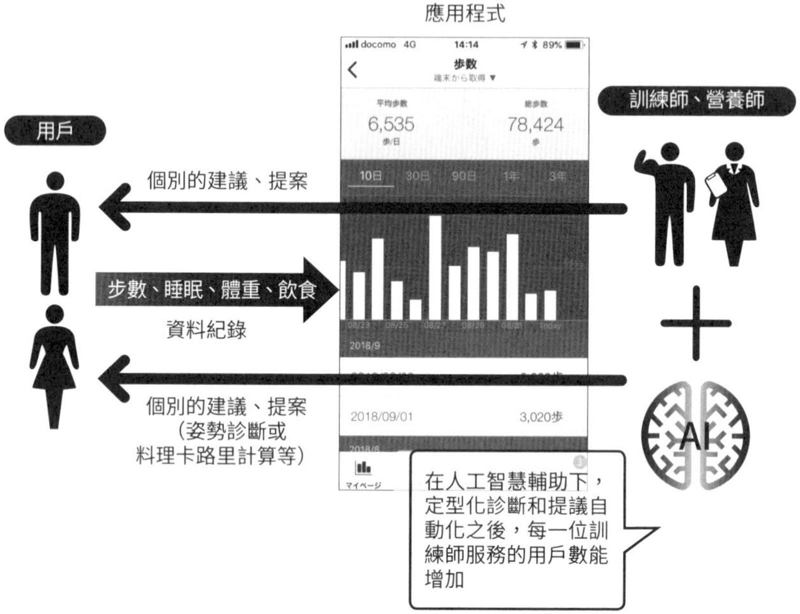

FiNC 將原本由訓練師或營養師負責的診斷或提案，一部分交給人工智慧轉為自動化，以服務更廣泛的用戶群為宗旨

明經過深思熟慮的結果，「服務推出之後，必須持續改善設計。應用程式上線後，FiNC 仍定期維護、改善使用者體驗，這是理所當然的。即使運用深度學習，上線之後的計畫仍須擬定完整，這才是重點。另外，最好先訂定出當運用人工智慧之後失敗或成功時，應該怎麼處理這些資料的流程。」

南野談起深度學習時，展望未來，「影像方面已經掀起驚人革命，我們主要也以影像來產品化。我認為接下來會擴展到偵測異常和預測的功能。目前評估體重預測、健康評分預測等功能如何應用在 FiNC 上，希望技術能力能追上。」

＊＊＊

接下來介紹運用於大樓工程和養殖場的實際案例。在這些案例中資訊科技化相對較晚，人工智慧容易發揮巨大的效果；另一方面，有許多自然環境等難以控制的因素，形成障礙。

case 09 AUCNET IBS

使用亞馬遜的影像辨識 API，將環境改善人工智慧服務事業化

AUCNET IBS是隸屬於AUCNET的子公司，把人工智慧當作建立服務的「工具」，靈活運用。AUCNET是網路通路服務商，業務範圍廣大，從拍賣到甚至房地產相關產業。子公司AUCNET IBS負責的是系統研發相關業務，從概念驗證（proof of concept, POC）的階段經過第一輪運用後，進展到多樣化的人工智慧應用階段；從容不迫，在有效的地方適當運用人工智慧的態度，令人印象深刻。

AUCNET IBS提供的服務包括環境改善人工智慧服務「EDIS」。這個系統使用亞馬遜提供的雲端運算服務，利用深度學習的影像辨識應用程式介面「Amazon Rekognition」。

EDIS這項服務是借助人工智慧，判斷視為工業廢棄物處理的日光燈等照明設備的「安定器」該用什麼方式處置，試圖將這項原先要花人力來一一查詢的作業，一部分交給人工智慧處理，以提升效率。

用深度學習來辨識照明設備的「安定器」型號

近年來，照明設備陸續更換為ＬＥＤ燈，日光燈似乎越來越少見，但在昭和時代，從辦公室、工廠到家家戶戶，日光燈幾乎照亮了日本每一寸角落。要讓日光燈點亮並持續穩定發光，不可或缺的零件是安定器。安定器又稱為日光燈的心臟，製造安定器與使用安定器的品牌和型號多不勝數。

然而，安定器有一個稱為「電容器」的零件，過去製造時曾經使用有毒物質「多氯聯苯」（ＰＣＢ）。一九五七年一月至一九七二年八月生產製造的電容器，一部分使用了有毒性的多氯聯苯。必須事先判斷區分使用多氯聯苯的安定器，以便依照法令規定來處理。以往這項作業都是由人力完成。

關於使用多氯聯苯安定器的判斷方法，日本照明工業會訂出一套標準。基本的判斷資訊是「銘板是否清楚可辨識」、「是否知道製造廠商」、可目視判讀「功率」和「製造年（月）」等。大樓或建物拆除時，工業廢棄物處理業者必須檢查每一件照明設備的安定器，並依照作業標準來判斷處理方法。因為既有的安定器數量實在龐大，作業量十分吃重，不僅負擔沉重，不容易維持正確的判斷，成本也三級跳。

在這樣的產業背景下，ＡＵＣＮＥＴ ＩＢＳ與致力於工業廢棄物處理的加藤商事（東京都東村山市）共同研發了安定器的判別系統。這套判別系統將日本照明工業會訂立的標準數位化，並登錄了包括新舊在內大約七十間廠商、共兩萬三千個安定器的型號。將原本以人工判讀型號後依據標準進行的判別作業，透過規則庫（rule base）加以系統化。接下來，讓原先以人工判讀的型號用智慧型手機拍攝後，靠人工智慧來辨識。這麼一來，只要以專用應用程式拍下安定器的銘板，就能辨識出型號，判別處理方式。

使用 Amazon Rekognition 辨識出銘板上的文字列，加上特殊研發的處理方式提高準確率，轉換成文字資料。AUCNET IBS雲端事業推進部統籌主任黑柳為之表示，「目前的方式是畫面中會出現方框，將方框對準型號拍照，辨識出文字列。今後拍攝的安定器照片資料量一旦增加，我們將持續改善，達到可以自動從銘板上擷取型號，或者從安定器外型進一步判定並取得相關資訊。」這套系統是建立在亞馬遜雲端運算服務上的無伺服器架構，二〇一八年七月一日上線提供服務。費率設定為標準型無限使用月費十五萬日圓（提供日本多氯聯苯全量廢棄促進協會的會員企業）。設定的參考基準是一位作業人員半個月的費用。

雲端事業推進部的大橋秀紀說明，「我們以加藤商事所保留過去處理的安定器照片，以及多氯聯苯含量濃度類別等資料，還有實務上的專業技術為基礎，進而研發系統。只有從安定器照片讀取型號這部分的作業運用了深度學習。整體系統上，用智慧型手機的應用程式可同時記錄作業狀況，由網路瀏覽器連上系統，就能直接印出 Excel 檔案。」他強調，這套系統重視的是實務操作的方便性。

共同研發的加藤商事大為讚賞，「以前就算只是向廠商查詢是否使用多氯聯苯，也要差不多

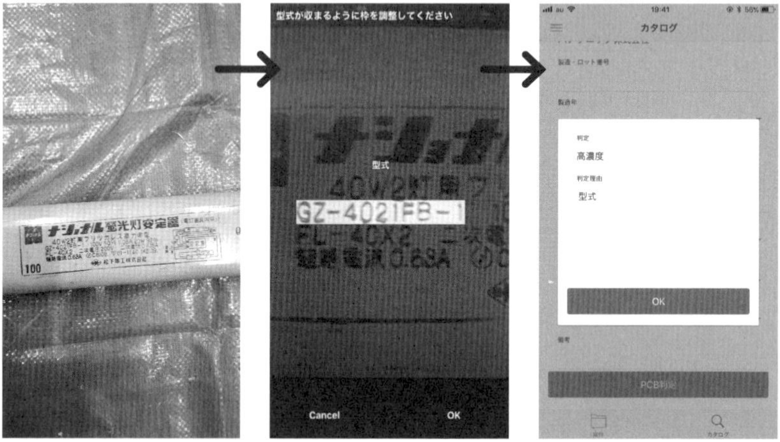

AUCNET IBS 的「EDIS」只要用智慧型手機應用程式判讀安定器型號，就能判定多氯聯苯的濃度

一天才能收到回覆。現在這套系統不論負責窗口是否具備相關知識都能自行判定，非常方便。此外，雲端上的系統可以同時讓多人作業，還能依照規格自動製作出報告，減少錯誤。如果是單純的篩選，作業時間大概能減少一半。」

黑柳說明，「AUCNET主要著重在新產品與廢棄品中間的中古產品通路。然而，廢棄品其實非常多，很需要提升工業廢棄物處理的效率。在這個資訊科技化還不普遍的業界，系統化一定能大幅發揮效益。由於廢棄品多半已經大量存在，換言之，相關的照片等資料累積豐富，很適合用於建置讓機器學習辨識的系統。這等於是藉由再次運用現存的資料來拓展商機。」從這番話可看出從運用廢棄物資訊來推動支持環境改善事業的企圖心。

制定實務上的最終目標，運用深度學習

AUCNET IBS利用深度學習來研發的系統不局限於環境改善事業。早在二〇一六年，該公司就運用深度學習研發出汽車照片各部位自動分類系統「Konpeki」（紺碧），提供集團內的汽車經銷商FLEX（東京港區）來運用。這個系統將登錄在中古車資訊網站的各項資料，如取得的中古車內外觀照片，自動區分為「左斜前方」、「正面」、「車內儀表板」、「前座」等三十個類別。由於FLEX專營豐田的越野車Land Cruiser和小型客貨兩用車Hiace兩種車款，樣式不多，很適合利用深度學習來自動分類。AUCNET IBS也嘗試和其他中古車

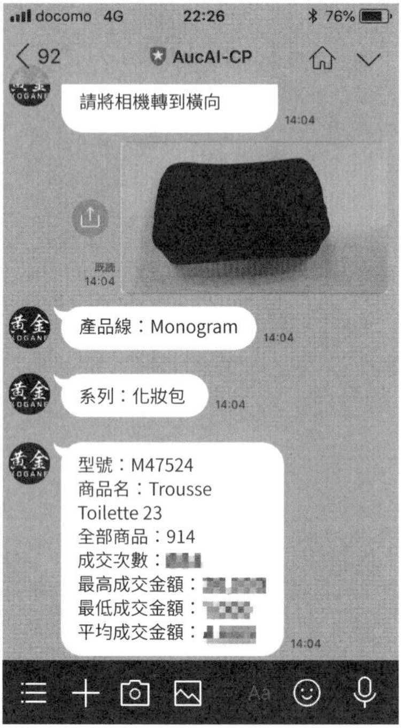

將名牌精品的照片傳到 AUCNET 的 LINE 帳號，就會判別產品線、系列、型號等

經銷商合作，但因為一般中古車商的車款繁多，截至二〇一八年八月仍無法有效運用。

不過，這項業務的研發專業技術開始應用於其他領域，針對ＡＵＣＮＥＴ的ＬＩＮＥ帳戶使用者研發名牌包和機車的自動判定系統。ＡＵＣＮＥＴ經營精品業者間流通的網拍平台，二〇一七年締造了上架三十七萬件商品的佳績。

若是自動判別名牌包的情況，使用者在ＡＵＣＮＥＴ的ＬＩＮＥ上傳一張照片，例如ＬＶ的包包，系統會判別出是「Monogram」系列的化妝包、型號和商品名稱，還能立刻顯示ＡＵＣＮＥＴ上的全部商品、成交次數、最高成交金額、最低成交金額、平均成交金額等資訊。機車也一樣，將拍攝的照片上傳，就能判別廠牌和車款，並顯示目前ＡＵＣＮＥＴ保有的各項相關資訊。這項系統現階段仍在公司內部測試中。

這裡有兩個重點。第一是深度學習的影像辨識使用方法。以汽車各部位的自動分類來說，為了從照片理解各個角度和部位所代表的「意義」，會讓影像辨識要求的功能門檻變高。另一方面，針對ＬＩＮＥ上使用的名牌包和機車的判別系統，將功能限定在只判別出商品的類別。這樣比較容易運用深度學習影像辨識能力來打造應用程式。

另一個重點是運用深度學習提供功能的應用程式，設定了明確的目標。「希望使用者拍攝照片後，能掌握市場行情，進而有效促進商品上架。最終目標是降低門檻，讓更多人到ＡＵＣＮＥＴ刊登拍賣商品。」（黑柳）如此一來，能將深度學習獲得的效果鎖定於判別型號。

無論是名牌包或機車，在各自適用的影像辨識學習模型上，都使用了自家的影像資料來進行遷移學習。「就鎖定特定物體來說，只要最少有一百張圖像，便能利用遷移學習來打造實用的模型。」（大橋）先訂定出實務上要達到的目標，再倒推需要到什麼程度的功能，這就是妥善運用深度學習的精神。一提到運用深度學習，多數公司很容易一下子訂立規模太大的計畫，但從AUCNET IBS的案例發現，深度學習可用來解決更切身的特定問題。

case 10 双日鮪魚養殖場鷹島 Sojitz Tuna Farm Takashima

運用人工智慧掌握鮪魚養殖數量，每年減少超過兩百五十小時的作業

鮪魚養殖業的重點之一是正確掌握飼養網籠裡的鮪魚數量，這樣才能計算最理想的餌食需求量。魚餌的開銷占了一半以上的成本。双日與電通國際情報服務（ＩＳＩＤ）合作，利用深度學習來掌握鮪魚的數量。據說一開始相關人士認為是「不可能」的挑戰，但經過實測後效果頗佳，已經朝正式研發邁出一大步。

綜合商社双日為了穩定供應日漸減少的鮪魚，二〇〇八年於長崎縣松浦市鷹島以全額出資的方式成立了子公司双日鮪魚養殖場鷹島，展開鮪魚養殖事業。二〇一六年十二月，在和歌山縣串本町取得漁場，該公司成立十年來事業持續擴大。

掌握鮪魚數量至關重要

鮪魚養殖業花三年時間才能出貨，超過一半的成本花在餌食上。因此，如何估算出最理想的餌食量成了首要之務。要推估理想的餌食量，必須正確掌握飼養網籠裡究竟有多少鮪魚。餌食給

在鷹島的飼養網籠中餵食鮪魚的情景

得太多，造成資源浪費；反之若給太少，又導致鮪魚品質下滑。

双日食料暨農業業務本部食料暨水產部水產事業課專任課長石田伸介說明，「水產業有很多地方還是個人經驗的傳授，業界發展科技資訊化的腳步較慢。假設餌食量差一成，幾年下來數量很可觀。不過，目前仍然普遍倚賴漁夫的經驗法則來訂定餌食量。如果這個部分能夠數據化，沒經驗的年輕人也能輕鬆進入這一行。對於勞動力逐漸高齡化的水產業來說，推動資訊科技化具備各種不同層面的意義。」

然而，計算鮪魚的數量並非易事。飼養網籠的直徑有四十公尺，最深的地方達二十公尺，相當巨大。鷹島大約有三十處飼養網籠，以不同飼養年分來管理。每一處飼養網籠大約有一千五百尾幼魚，但隨著時間過去，網籠內的情況大幅改變。有些鮪魚死掉，有些其他種類的魚從漁網縫隙鑽進來。過去只能靠漁夫從鮪魚吃餌的情況來判斷大致的數量。

逐格播放影片來計算鮪魚數量

將幼魚放進飼養網籠後，得等到把鮪魚移到另一處飼養網籠時才有機會計算數量。拉開網籠之間的網子，然後由潛水員深入海中拍攝鮪魚通過時的影片。把這幾十分鐘長的影片逐格播放，由工作人員一尾一尾計算，長的時候大概花上五小時觀看。五名工作人員各自進行之後，對照結果推算出一個正確的數量。這是過去採用的方法。

海中鮪魚情況會隨著當時條件的影響，拍攝成果各不相同

石田說明，「這種做法非常耗費時間和人力成本。但鮪魚數量又是重要的關鍵，不可能不計算。這項作業該怎麼提升效率，始終是一大課題。」

近三十處飼養網籠，到可出貨的三年多期間，鮪魚需要在網籠之間移動一、兩次，亦即一年有十次至二十次計數作業。五名工作人員需各花費五小時在這項作業上，總計每年耗掉兩百五十小時至五百小時。如果能夠自動化計數，將大幅減少作業時間。此外，能讓年輕人的就業環境變得更好，進一步期待改善雇用情況。

由於這樣的需求，讓相關人員想到是否能運用深度學習來估算鮪魚的數量。於是二〇一七年初，該公司與電通國際情報服務展開合作。為了因應二〇二〇年的奧運和殘障奧運，電通國際情報服務其實原已進行運動中人類動態可視化的研究，所以想到是否能將這項技術運用於計算鮪魚數量。

「直覺認為那是不可能辦到的」

電通國際情報服務通訊ＩＴ事業部企畫總監西川敦坦言，「其實一開始看到影片中鮪魚移動的速度這麼快，直覺認為那是不可能辦到的。」

實際上，研發過程極度困難。首先，魚影的判斷非常不容易。拿到的影片受到天候、潮流等各項條件影響，而且有很多浮游生物和光線等容易誤判為鮪魚的物體資訊。此外，這些影片是由

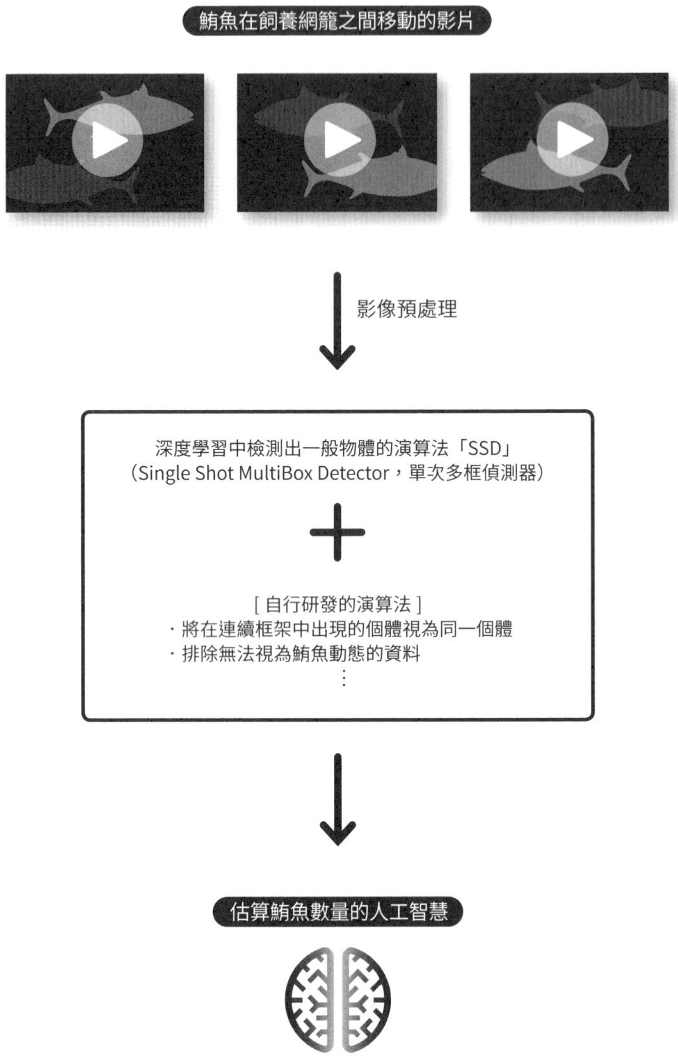

估算鮪魚數量的人工智慧建置方法

潛水人員在水中拍攝，鮪魚出沒地點會移動，或者出現手震。再者，現場除了鮪魚還有其他魚類，也要判別出來，訓練資料的正確性必須非常高。

將拿到的影片分成學習資料和測試資料，在原先運動領域研發的演算法中，調整加入為鮪魚專用之後，進行一次又一次試誤學習。

個體辨識很困難，必須針對一格一格靜止畫面進行影像分析，再加入動態預測的功能，例如從鮪魚的移動速度來判斷，這一格畫面跟那一格畫面裡的鮪魚不是同一隻。經過多次反覆作業，二〇一七年底終於有了成果。只要有條件完備的影片，估算出的數量跟人工計算的結果差不多。

西川說明，「例如光線的差異、成長條件的不同等，僅用一個模型無法因應所有條件，還有改善的空間，需要持續研究。」

研發鮪魚專用計數應用程式

兩家公司逐漸掌握竅門後，電通國際情報服務研發出鮪魚專用的計數應用程式，二〇一八年六月上線運作。這個程式的目的在於提升第一線作業效率的同時，改善訓練資料的品質。

在影片上畫出一條終點線，鮪魚通過這條線時敲打鍵盤來計算數量。用這個狀況下判斷為鮪魚的資料當作訓練資料，逐漸累積數量。此外，已計算過的鮪魚出現數量以直方圖顯示在影片下方，之後計算的工作人員可以預測鮪魚出現的情景。

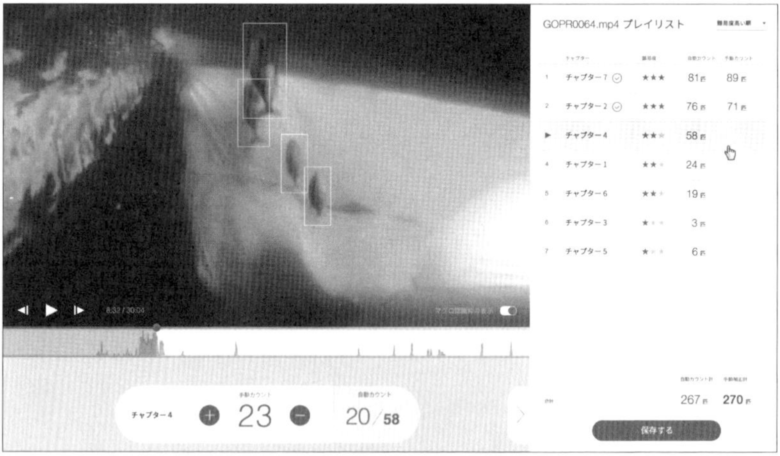

鮪魚計數應用程式畫面。已計算的鮪魚出現數量以直方圖顯示在影片下方

這項做法讓作業時間大幅縮短，也能和其他工作人員的估測數據做比較，進一步改善第一線的作業狀況。此外，有別於過去以整段影片計算尾數的數據，現在以一格畫面有多少尾來計算，訓練資料的品質更為提升。

今後的課題是影片標準化。為了達成目標，仍持續不斷進行試誤學習，使用各種不同的攝影方法，以及影像處理的技術。進行深度學習之前，目前還在摸索藉由資料預處理，可以將準確率提高到什麼程度。

如何在網路環境不佳的鷹島實施？

目前還在評估提供實際服務的方式。由於鷹島當地的網路環境並不理想，營運上該怎麼交換資料，必須進一步評估伺服器建置在雲端或在現場設置功能更強大的設備。

計數應用程式的下一步，是在深度學習辨識的魚影上加框，讓計數變得更容易，最終目標希望能區分鮪魚與其他魚種，達到完全自動化。

西川談到今後的展望，「就像汽車的自動駕駛一樣，不可能一蹴可幾。我們將配合運動界的技術研發，目標是在二〇二〇年實現這項技術。」

石田表示，「正因為有我們這樣的規模，才能收集到夠多的資料。想到或許能幫助其他養殖業者解決課題，我們希望盡量做出貢獻。藉由收集更多資料，讓影像更加鮮明，就能提升準確率，最後達到超越人工作業的效果。」他在言談中充滿期待。

＊＊＊

截至目前，第二章介紹的是規模相對較大的公司或科技業的案例，最後希望介紹地方中小企業的運用案例。由這個實際案例可知，即使資本和專業人才不足，仍然可以推動運用深度學習。

Case 11 LANDA

福岡的乾洗店以五十萬日圓打造「人工智慧無人櫃臺」的原因

二〇一八年七月，過去曾因煤礦之鄉繁榮一時的福岡縣田川市乾洗店，引進使用人工智慧的無人櫃臺。顧客只要把送洗的衣服放在桌上，人工智慧就會辨識出衣物的類別並計算費用。該店的經營者LANDA是一間中小企業，員工人數二十五人，在田川市共開設八間分店。負責研發這套系統的是副社長田原大輔。

田原運用平常慣用的 MacBook Pro 和 Google 的深度學習開發框架 TensorFlow 來研發這套系統。雖然設定為以學習顧客使用狀況為目的的 Alpha 版（預覽版本），但他從「深度學習是什麼？」開始著手，不到三年便能提供服務，更驚人的是「研發費用不到五十萬日圓」（田原）。將來的目標是研發無人乾洗店。

只要把衣物放在桌上就能自動判別

這家乾洗店利用過去曾是超市的建物，開設了空間寬敞的店面，服務項目包括衣物、鞋子、和服、皮包等各類服飾用品的綜合清潔維護和保養。店面角落有張桌子，提供人工智慧的服務。

使用者先在平板電腦上輸入姓名、電話等資料，進行會員登錄；然後把送洗的衣物放在桌上的攝影機下方，桌上的 iPad 畫面顯示相機拍攝的影像，下方便出現自動辨識出的衣物類別，如「長褲」、「大衣」等。人工智慧辨識準確率低時會出現多個選項，人工點選正確的項目。使用者確認費用後，把衣物放入籃子裡。所有步驟完成，印表機印出單據，把單據和送洗衣物一起交給店員就行了。

田原指出，最終的目標是「開設無人乾洗店，而且讓這樣的文化深植人心」。就算以人工智慧為賣點，實際上消費者並沒有太大的感受。重點在於提高使用的方便性，希望未來在日本全國各地都能自然無礙地接受無人乾洗店的型態。

二〇〇五年，田原從東京返鄉繼承乾洗店家業，深刻體會到「日本的高齡化和人手不足，乾洗店必須改變」，於是萌生了無人乾洗店的想法。地方的徵人啟事全都是招募看護人員，生意興隆、人聲鼎沸的場所是醫院而非商店街。這是全日本面臨的課題。

有了這樣的想法，首先運用資訊科技來提升作業效率。他陸續導入免費通訊的「Skype」、檔案儲存服務「Dropbox」、建立編輯試算表的「Google 試算表」，以及針對公司行號的通訊軟體「ChatWork」等雲端服務，提升物流和製作報表等作業效率。他隨時都在思考怎麼讓工作人員使用起來更方便。為了讓較年長的員工能輕鬆使用，還導入聊天室之類的技術。

如果可以分辨狗跟貓，應該也分得出西裝與長褲

田原在這段過程中發現，二〇一五年十一月，Google 開始提供 TensorFlow。深度學習研發的門檻因而突然大幅降低。「深度學習如果可以分辨狗跟貓，應該也分得出西裝與長褲吧。」（田原）於是，他想到能在乾洗店的業務上應用深度學習。

向來思緒靈活、應變能力強的田原，立刻請教過去指導他資訊科技相關知識的電腦工程師。不過，當時根本沒人了解深度學習。他心想，「既然大家都還在起跑線上，反倒是大好機會」，便開始鑽研深度學習。

然而，他第一次接觸深度學習開發經常使用的程式語言 Python，解說技術出現「行列」、「向量」、「線性迴歸」……全是些令人似懂非懂的詞彙。不過，「我了解到需要資料。」（田原）首先，二〇一六年三月開始於店面裝設攝影機，在送洗衣物收件的桌上以三秒一次的頻率拍攝。用一天營業十小時來計算，可以收集到一萬兩千張照片。

當然，很多照片並沒有拍攝到衣物，使用人工智慧來區分之後，能夠作為學習用的照片，一天大概有四十張。到了二〇一七年十一月，累積收集近兩萬五千張衣物照片，使用專用的軟體，指定照片中衣物拍攝的範圍和類別，製作深度學習的學習資料。類別近七十種，包括「襯衫」、「直條紋襯衫」、「T恤」、「長褲」等。一件衣物的作業時間幾秒便完成，不過是利用空檔時間作業，大約花了一個月。

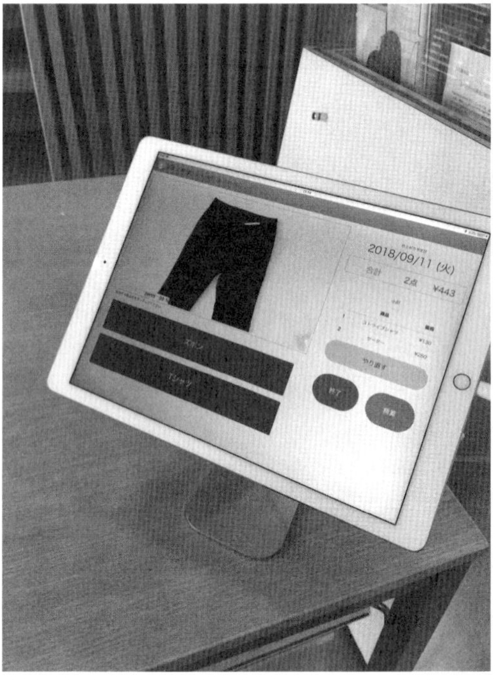

把衣物放在桌上就會自動辨識並計算費用

在 MacBook Pro 上使用 TensorFlow，用這些資料來進行深度學習，自行建立一套影像辨識系統的 Beta 版（測試版本）。至今仍新增每天收集到的資料，持續學習，增加能夠辨識的衣物類別。學習時，MacBook Pro 二十四小時運作不休息。用來學習的圖像資料前後高達四萬筆，目前能夠辨識的衣物類別已達三十種。

「T恤」、「連帽上衣」這類多半在家清洗、較少送洗的類別，因為學習資料少，無法正確辨識，但顧客需求較高的衣物類別能夠正確辨識。由此可知，這樣的學習成果來自自行收集的圖像資料，而非網路上蒐羅到的衣物圖片。

費用目前分成一百五十日圓、兩百八十日圓、四百二十日圓、七百日圓等四種，大致分為外套類、襯衫類、長褲和裙類、大衣類。由於預期利用人工智慧可以減少人力作業，設定比較優惠的價格。例如，一般襯衫由店員收件是兩百日圓，在無人櫃臺則是一百五十日圓，整體而言無人收件的收費便宜兩三成。

相較於人工智慧完成度，更重視無人櫃臺的落實程度

研發這項服務時，田原最重視的是使用者體驗。衣物放到桌上後，十毫秒內辨識出衣物類別並顯示在 iPad 畫面上。如果將衣物攤開放到桌上，多點時間或許能提高辨識的準確率，但這樣顧客會覺得很麻煩吧。為了同樣迅速地回應結果，人工智慧以設置在桌面下的舊款 MacBook 來

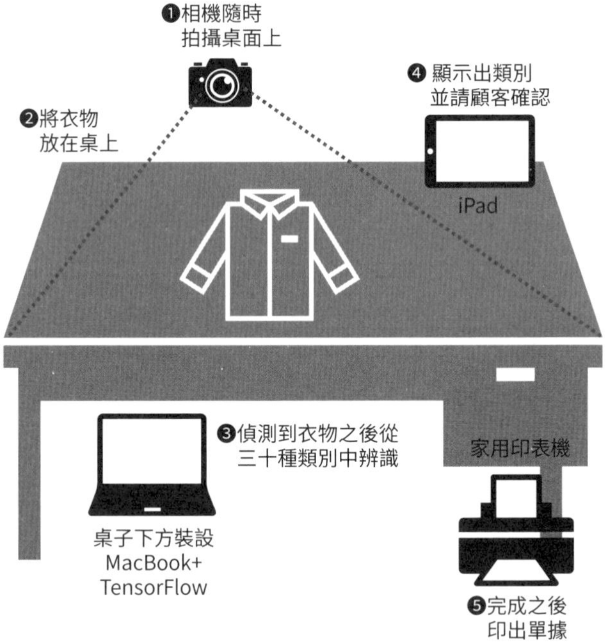

洗衣店無人櫃臺的收件流程

執行，而不在雲端上建置系統。

研發人工智慧方面，一開始曾想過顯示出一個符合選項就好，但當人工智慧辨識的準確率較低時會顯示多個選項，讓顧客在 iPad 畫面上點選正確選項。換言之，與其追求高完成度，持續研發，不如選擇儘快推出無人櫃臺的形式，並觀察顧客的反應。

正因田原同時擁有經營者與技術人員的特質，才能如此果斷抉擇，拿捏得恰到好處。身為技術人員，想不斷追求能辨識的衣物類別和高準確率，很可能導致遲遲無法正式提供服務。無法達到完美的準確率，請顧客自行選擇就好，只大致設定四個收費類別，可說是為了實際商務而研發的人工智慧。

來店的顧客中，使用無人櫃臺收件的一直約為一、兩成。接下來視顧客反應，增加導入的分店，或者利用廣告和海報等加強對顧客的宣傳，鼓勵多加使用。然而，這畢竟是個全新的嘗試，「就像自助加油一樣，想要普及，只靠一間公司推動可能沒什麼用。」（田原）未來會和其他公司一起探討各種可能性。

努力吸收知識，盡量控制投資

這是左右自家公司未來的大案子，田原為此拚命研究深度學習。基本上，他靠 YouTube 的 TensorFlow 官方頻道，以及國外工程師上傳的深度學習教學影片，無師自通。此外，他還自掏腰包，當天往返前往東京大學聽松尾豐老師的演講；上網搜尋找到專門研究影像辨識的九州工業大學教授，以及 Google 資料分析領域宣導人員，主動和他們討論，不惜投注時間盡量找機會吸收相關知識。

另一方面，他在資金上貫徹能省則省。近兩年期間累積的數萬張照片，全部用 MacBook Pro 來進行深度學習。田原知道利用 Google 雲端平台這類雲端環境可以縮短學習時間，但站在經營者的角度，確定「的確可行」之前，希望盡可能控制開銷。田原說明，「我在 Google 雲端平台上前後只花了幾萬日圓。」他新添購的 MacBook Pro 和店內設置的 iPad 等設備，總計不到五十萬日圓。

田原談到深度學習，「一開始的門檻或許有點高，不過優點在於一旦建置起來，只要增加資料，就會變得越來越聰明。」雖然常有人提到，人才、投資金額、地區之間的資訊落差等都會導致運用上的困難，但從田原的做法可以了解，熱情和行動力能解決絕大多數問題。

第三章

[Step 2]

扮演「五官」角色，預測行動、偵測異常

不只運用圖像，藉由整體處理影像、聲音和各種偵測到的資訊，更深刻理解對象物的多模式辨識，是繼影像辨識之後的下一個發展階段，備受矚目。以松尾豐提出的「以深度學習為基礎的人工智慧技術發展」進行預測，藉由多模式辨識，可以預測行動並偵測異常，能廣泛運用於防盜、監視、保全和行銷。

本章介紹單純靜止圖像的分析，以及河川護岸、高壓電纜、零件等的損傷偵測，還有在跳蚤市場應用程式偵測上架商品違反規定的「偵測異常」等案例。此外，介紹計程車的需求預測、電視廣告效果預測等相對先進的「預測」案例。

Case 12 瑞可利 Recruit Holdings

校對人工智慧效果驚人，檢測率超過人類，只需幾秒即完成

瑞可利控股公司在登錄媒體公開資訊的上稿系統中，運用校對人工智慧。二〇一七年五月，轉職網站「Rikunabi NEXT」首度導入這項上稿系統，之後陸續拓展運用範圍至其他求才網站、結婚資訊、房屋資訊、公關新聞稿等，甚至包括驗證步驟。

「過去校對需要花上一個星期的時間，現在幾秒就能完成。」

負責研發的瑞可利控股公司ＩＴ工程本部資料科技研究部資料科技產品開發小組成員蓑田和麻，說明了人工智慧校對系統的效果。

校對員工人數大幅減少

過去在上稿系統登錄原稿後，經過校對人員審稿，得花一個星期才能完成作業。導入校對人工智慧，幾秒就有結果。順利解決截稿期限這個問題，就能把更多時間用於業務活動等作業。這是成效之一。

降低成本方面也有顯著效果。「大幅削減了原先委外的校對作業。」（蓑田）即使是一個事業單位，全年仍要製作近三十萬份稿件，因此在這方面效果卓著。此外，品質也提升了。蓑田提到，「稿件的不良率降低了六成。」換言之，人工校對的稿件和人工智慧校對的稿件，經由人工再次檢查，仍有問題的人工智慧稿件少了六成。檢測率已經比人工作業來得高。由於人會因疲勞而失誤，或者人員素質導致工作品質良莠不齊，整體來說能夠保持一致性的人工智慧更適合這項工作。

校對人工智慧是由「規則庫」和深度學習的「機器學習庫」（machine learning base）構成。舉例來說，檢測地址的錯誤、是否有郵遞區號和電話號碼位數等明確規則，以及事先訂立規則、徹底排除錯誤禁用的字彙。由於每項業務有不同的規則，將系統建置成可以在第一線簡單設定。

挑出錯別字、漏字或同音不同字，以及差異表現的判定等，都運用深度學習的模型。在系統學習時，使用了瑞可利過去在媒體上刊登的五百萬筆資料，再運用刻意含有錯漏字的群眾外包（crowdsourcing）*資料三萬筆。原本使用留有校對過程中紅字修改的資料進行學習，但因為這種資料比較少，還得刻意製作有錯誤的稿件。

演算法使用的是雙向遞迴神經網路（bidirectional RNN, BRNN）。由於錯漏字的判定需要加入文字順序的時間序列資訊，採取適合時間序列資料的遞迴神經網路。再者，考量需要糾正哪個字該怎麼寫才正確，使用遞迴神經網路，計算指出的錯字與正確用字的相關程度。

檢測率達百分之八十二至百分之八十三

蓑田表示，「檢測錯別字、漏字是非常具挑戰性的技術。」比較社群網站上的正負面分析便一目了然。正負面分析將貼文分成正面與負面兩種，就算隨意分配也有五成的準確率。這項技術能提高準確率。不僅要檢測出有無錯別字、漏字，甚至進一步指出哪裡有錯字、該怎麼修正才對，難度非常高。這和根據辭典找出錯字的單純校對功能不同，還要考量文章整體脈絡，例如能把「交稅」糾正為「繳稅」。

蓑田表示，藉由這個機制，若是徵才方面的稿件有錯誤，目前的糾錯率（檢測率）「達百分之八十二至百分之八十三」。此外，糾正的準確率是百分之八十至百分之八十二。

瑞可利在人工智慧運用上的強項是改進的速度。「運用深度學習時，一開始學習資料的量比質更重要，但當準確率達到某個程度，質變得比較重要。」（蓑田）因此，上稿系統上設定了回饋功能，使用這裡收集到的糾正持續改進。「不是藉由群眾外包刻意製造的錯字，而是真的有錯字。」（蓑田）這一點讓資料的品質更高。一個月曾收集到一千筆回饋，準確率提升了百分之二。接下來，要讓準確率保持百分之八十以上，並將重心放在檢測率超過九成。

*譯注：取得資源的一種特定模式，個人或組織可以利用大量的網路用戶來取得需要的服務和想法，提供超出體制內員工思考範圍的創新構想。

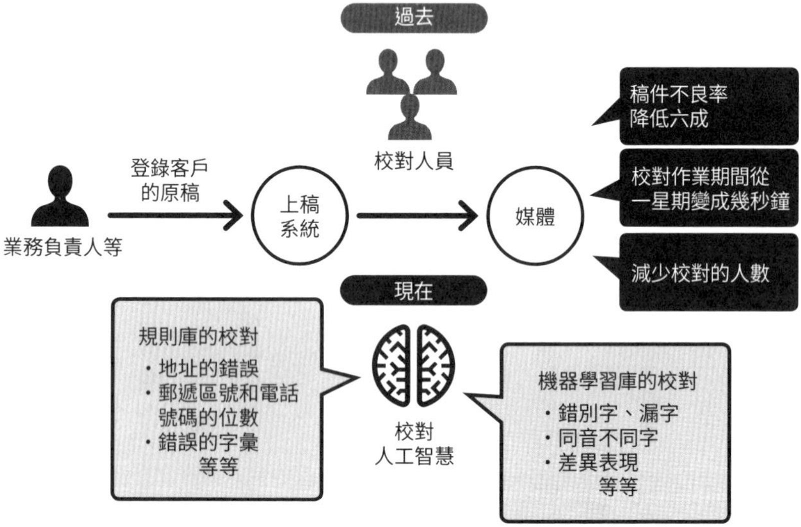

瑞可利藉由導入校對人工智慧，獲得了提升檢測率、縮短作業時間、降低成本的成果

徵才類的業務率先運用，而且在應屆畢業生獲得錄取就職時收集大量資料，得以提高檢測率和準確率。然而，結婚資訊方面的檢測率是百分之七十九至百分之八十，比徵才類低。基本上，模型是通用的，不同業務領域的資料有差異，各自提高檢測率。

瑞可利也在使用者貼文評論的內部審查運用了人工智慧。瑞可利科技資訊科技實驗室資訊科技產品開發小組的高橋諒說明，「有些網站評論筆數多，比較有競爭力；政策上雖然有意增加評論，但審核成本跟著提高，將構成障礙。我們希望降低這個門檻。」

審核所使用的是深度學習的文件分類（document classification）演算法。如果貼文中有瑞可利以外的商品名稱，或「獲得額外加分！」之類針對部分使用者的額外加分，令人感覺不公平，就會出現錯誤警示，並且表明錯誤的原因。違反規定、差異表現、與服務無關的貼文等，在一個媒體上可以判定是否抵觸超過六十項規定。目前有三項服務使用這套系統，過去以三個階段來審核這類評論貼文，現在減少到一個階段，成效可見一斑。接下來開始驗證，經過審核人工智慧信心滿滿判斷通過的評論貼文，能否省略人工作業的再次檢查。

＊　＊　＊

接下來，介紹異常偵測作業早已普及的維修管理產業和生產第一線的案例。

case 13 八千代機械 Yachiyo Engineering

以人工智慧檢測河川護岸受損狀況，驗證公共基礎工程更有效的檢驗法

日本的道路、橋梁、河川護岸等基礎建設多建於經濟高度成長時期，近年來陸續變得老舊。然而，地方政府的稅收難以提高，如何有效維持管理成為一大課題。專營工程顧問業務的八千代機械（東京台東區）在河川護岸的維護管理上運用人工智慧，建置了高效率檢驗受損狀況的系統，並逐步準備今後中央和地方政府維護管理基礎建設需要運用人工智慧時，隨時都能因應。

多數人在生活和工作中都會用到道路、橋梁、河川，這些基礎建設必須妥善維護管理。事實上，負責管理的中央和地方政府是委託民間業者進行檢驗，執行方式是遵循現行法規，由人力目測後拍攝照片，造冊記錄。然而，這類檢驗的業務已經跟不上基礎建設的老化速度。

八千代機械技術創發研究所ＡＩ分析研究室高級研究員藤井純一郎說明目前的情況，「眼前最大的課題是如何有效維護管理基礎建設。雖然現階段法規的制訂還沒跟上，但八千代機械認為急需使用人工智慧等高科技來提高管理的效率。我們深感在中央與地方政府因應人工智慧之前，必須有所作為，因此推動了這個專案，在河川護岸的檢驗上運用人工智慧。」

在各項公共基礎建設中，相較於一般道路和橋梁，河川護岸較少直接造成民眾不便的情況，

因此護岸混凝土的維護管理作業常被安排在較低的優先順位。過去護岸的維護管理和檢驗多半不夠嚴謹，因此八千代機械判斷護岸很適合及早運用人工智慧來提升效率。關於護岸混凝土的維護管理，當檢驗發現損傷或裂縫，通常不會一一修補。「一般來說，不會針對個別損傷進行修補，而是挑出損傷較多的區段統整修補。只要能判斷區間單位之內的損傷程度就行，因此我們認為很適合藉由人工智慧來辨識。」（藤井）

現行的作業方式，例如以國土交通省管理的河川來說，每年進行一、兩次，大致的作業流程是由技術人員沿著河川繞行，拍攝護岸的照片。外表看來有損傷的部分手寫記下來，回到公司之後將拍下來的照片連接成全景，對照出損傷位置加上註記。以這個筆記為基礎，訂出修補的優先順位來應對。這項計畫使用深度學習的影像辨識，協助拍照後篩選受損部位的作業。

將一百五十張照片加工成一萬多筆資料

二〇一六年底，八千代機械與專門運用資料提供解決方案的 BrainPad 商議，導入支援檢測護岸混凝土變質劣化的人工智慧。二〇一七年三月，正式展開系統開發，年底前進行研發和檢測。混凝土劣化檢測的演算法使用 Google 開源開發框架 TensorFlow，應用程式則是使用 Python 語言來建置。BrainPad 分析服務本部產品經理暨資料科學研究主任上總虎智表示，選擇這些工具的理由是「不限土木工程相關，適用範圍廣泛，可以從論文等進行技術調查儘快上線使用」。此

用人工智慧檢測河川護岸的損傷部分（白線就是人工智慧檢測出的部分）

外，他提到，「其實建置應用程式用什麼樣的框架和語言都可以，但考量日後的維護和運用，我們選擇不致太特殊的通用技術，像公共基礎建設一樣能長時間使用的比較理想。」

用來學習的是大約一百五十張護岸混凝土照片，最大像素5616×3744的檔案資料。出現裂縫或破損的地方塗上紅色，作為訓練資料。然而，直接以這一百五十張左右的照片做訓練資料，以深度學習來說，學習的數量不足。因此，用這些影像讓模型學習之前，先將每張照片細分為224×224像素的照片資料檔案，共有超過一萬筆資料提供學習。經過細分，有時一張照片檔案裡有多處損傷，有些完全沒有，一開始擔心是否能提高準確率。實際上，嘗試讓系統用這種方式學習之後，發現能夠達到要求的準確率，檢測出損傷部分，於是決定以這種方式繼續推動研發。

另一方面，是否能確實檢測出異常是一大課題。過去檢測損傷部分的作業多半採取目測，基於主觀判定。代表正確答案的訓練資料本身可信度不是太高，因此比較訓練資料後就算評價較高，仍不確定是否真的為正確答案。最後還是得靠河川技術人員目測的定性評分，以及來自資料的定量評分，綜合兩者為標準，評比是否正確檢測到損傷部分。BrainPad的上總說明，「一開始人工智慧在檢測損傷的圖片上把排水口誤判為裂縫。經過河川技術人員再次確認圖片做改善，最後河川技術人員和人工智慧的判斷得到幾乎相同的結果。」

藤井也認為，「如果目的不是用一張張照片來嚴格判斷是否有損傷，而是判別劣化受損較多的區域，感覺一開始以人工智慧檢測出的結果相當實用。此外，進一步與BrainPad討論後，經過持續調整，針對不希望忽略、必須視為劣化受損的部分，能正確檢測為損傷，進一步提高準確率。」因此，判斷這項技術已達實用的階段。

如果進一步制訂出規則等使用環境，就會儘快普及

使用深度學習自動檢測出河川護岸混凝土受損的技術，已經達到可以應用在實務上的水準。然而，這項技術還無法真正「實用化」。由於目前中央的政策是護岸混凝土的檢驗和評估都是基於人力目測來進行，中央和地方政府並不接受人工智慧診斷的評估報告。因此，對於沒有收到委託的護岸混凝土檢驗作業，八千代機械很難自掏腰包進行檢修。「政府目前開始重新檢討政策和標準，只要環境和規則規畫完備，接下來可望一舉普及。八千代機械觀察到這樣的變化，現階段已做好準備，使用人工智慧來進行檢驗。」（藤井）

藤井清楚解說人工智慧的作用。「發現損傷之後還不知道能不能修復，因為地方政府的預算很有限，現階段的確有很多想修補卻無能為力的例子。將損傷一字排開來看，訂出修補的優先順位，這項作業只能靠人力來判斷。人工智慧將擷取出的結果顯示在照片或地圖上，作為人工作業判斷的材料，視現況來決定預算要花在哪裡。」

今後不僅河川的護岸混凝土，還計畫將深度學習運用在其他地方。藤井表示，「混凝土結構物很多，不只是河川護岸。應用相同的理論有多少效果，或者經過適度微調又能提升多少效果，希望未來能拓展適用範圍。只不過，首先要確定技術上是否可行，然後再加入其他判斷，評估是

否適合發展為一項事業。」

此外，不僅要靠深度學習或機器學習來解決，更重要的是包括運用周邊技術和人力來解決的技術研發。例如，要評估損傷的面積，必須在一定的距離內拍攝照片。今後未必由人力來拍照，也評估是否能用無人機來拍攝。但在這種情況下，必須配合能夠與護岸保持一定距離拍攝的技術。藤井表示，「這是為了達到業務上需要的目標而進行技術研發，並不打算只靠深度學習或機器學習來找到答案。希望結合其他技術和操作方式，達到最理想的目標。」這個例子闡明了深度學習只是用來解決業務課題的方法之一。

Case 14 東京電力電網公司 TEPCO Power Grid

運用於檢測輸電線異常，希望提升五倍生產力

維持人們生活和社會運作的重要基礎民生工程，就是電力。為了穩定供應電力和落實降低成本，東京電力電網公司（簡稱東電PG）推動運用深度學習。作為一般輸配電業者，該公司把重心放在輸電線的檢驗，希望藉由人工智慧提高作業效率。東電PG在人工作業的輸電線檢驗上引進了使用深度學習的「架空輸電線診斷系統」，希望提高檢測異常的準確率，大幅提升作業效率並降低成本。

一年多達約一千四百小時監控作業

東電PG工務部輸電小組的宮島拓郎說明了運用人工智慧的背景和過程。

「東電PG面對的課題是降低配電成本。想兼顧穩定供應和降低成本，必須評估維修業務的升級和精簡化。負責維護業務的工務部，在大約三年前成立了維修升級推進小組，推動數位升級。其中一項政策著重電線的檢驗業務，還建立一套假設，探尋能否運用人工智慧來提升檢驗的

效率。」

運送電力的「電線」大致可分為兩種：一種是輸電線，一種是配電線。輸電線連接發電廠與變電所，還有變電所之間，以高壓電的形式有效輸送大量電力，大型電塔連接輸電線的景象隨處可見。另一方面，配電線則是以低電壓將電力從變電所輸送到大樓和一般家庭，多半透過路旁的電線桿連接。

東電ＰＧ是在架空輸電線的檢驗業務上推動運用人工智慧。輸電線又分成連接電塔的架空輸電線，以及埋在地底的地下輸電線，以架空輸電線作為運用人工智慧的對象。僅東電ＰＧ一家公司就有大約四萬五千座輸電塔，架空輸電線總長超過一萬四千五百公里。首要目標是提升檢驗輸電線的作業效率。

連接輸電塔的架空輸電線檢驗業務，過去採取三種方式：第一種是搭乘直升機從空中拍攝輸電線的影像，以人工藉由影像來確認；第二種是從地面上用高倍率望遠鏡目視；第三種則是中斷輸電，由人攀上電塔後再懸吊著輸電線檢驗。在這幾種方式中，嘗試將人工智慧影像辨識功能運用於直升機空拍輸電線的影像。

輸電線通常分成幾個區域，花好幾年進行檢驗。如果輸電線出現快斷掉的異常前兆，必須採取必要的措施。尤其是需要靠直升機飛行空拍的輸電線，多半在山區，人員不容易從地面上目測的區域。拍攝的影像長度一年大約有一百三十至一百四十小時。這些影像交由負責人員確認，但用正常速度播放無法察覺出異常，因此用十分之一的速度觀看。換句話說，一年花上近一千四百小時，仔細盯著單調又無聊的電線影像，才不致漏失任何異常。

「靠人工來檢測，很容易因為負責人的素質不一，難以達到一致的判定標準，這是一大課題。更困難的是，需要從看來幾乎都正常的電線影像中，找出為數不多的異常，這是一項非常傷神的工作。從另一個角度來說，希望能減輕人員負擔。」（宮島）

二〇一七年初，東電ＰＧ開始進行以人工智慧來實現輸電線影像異常檢測系統的概念驗證。基本的構想是能在人工智慧上實現人工觀察下檢測出異常的功能。因此，使用樣本資料，驗證設想到的方式能否藉由人工智慧來實現。具體做法是提供數十筆影片資料給幾間專門建置人工智慧系統的公司，進行比較評估。

在尋訪技術的過程中，東電ＰＧ曾徵詢日本微軟是否能藉由人工智慧偵測出輸電線異常。微軟轉介了Tecnos Data Science Engineering（TDSE）這間公司。綜觀比較評估的結果，ＴＤＳＥ提出最高準確率的模型，加上後來研發方面的具體方案，最後決定與ＴＤＳＥ共同研發。

二〇一七年十一月，展開「架空輸電線診斷系統」的研發。功能要件大致有四項。除了「輸電線的異常檢測」這項主要功能之外，另外加入研發「擷取輸電線附屬品」、「檢測異常時自動製作報告」、「人工智慧新增學習」等各項功能，打造一套綜合型診斷系統。

架空輸電線診斷系統由四項功能組成

該公司主要將人工智慧運用於檢測輸電線的異常，利用二〇一三年開始的五年分直升機空拍影像資料，透過深度學習建置異常偵測模型。ＴＤＳＥ執行董事第三資料科學組組長庄司幸平表示，「直升機的空拍影像中，拍攝到輸電線的背景多半是森林、田地、道路、民宅等。由於背景太多會妨礙檢測異常，首先打造從影像中單純擷取出輸電線部分的機制。這是使用深度學習的一種分割模型。使用只擷取出輸電線的影像，然後用檢測異常的深度學習來建立模型。」

之所以耗費這番工夫，是因為要從一年一百三十至一百四十小時、共計容量1ＴＢ的影像中擷取出訓練資料，然而，「異常情況的資料量很少，五年分最多幾百筆。」（宮島）原因出在資料量太少。想進行深度學習，判斷要從空拍影像一蹴可幾來檢測異常，資料實在太少。在只有少量異常資料的情況下，為了提高準確率，以兩階段組合的方式來使用深度學習模型。

此外，同時進行檢測輸電線附屬品的人工智慧建置。未來每年直升機空拍的影像資料增加時，會一併將這些加入訓練資料提高準確率，因此研發了新增學習功能。為了使整個系統運作得更順暢，同時進行研發自動製作報告的功能。

二〇一八年七月，著手研發約九個月後，架空輸電線診斷系統大功告成。接下來是完成一些必要手續，準備展開運作。組合多個使用深度學習的模型，並包含相關系統研發在內的這項計畫，開始研發不到一年便進入營運面。

由人工來檢測異常，
每年要花費約一千四百
小時檢視影像

由人工智慧來檢測異常＋
人工最後確認，
以省下八成勞力為目標

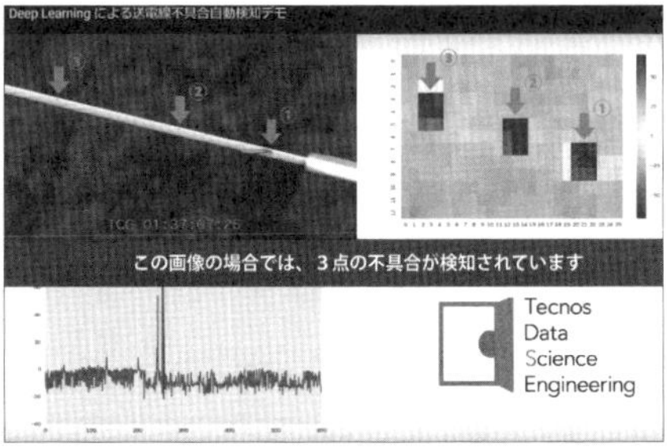

畫面提供：Tecnos Data Science Engineering

東電 PG 希望運用人工智慧大幅提升輸電線異常檢測業務的效率

挖掘各個事務所保存的資料來提高準確率

架空輸電線診斷系統使用深度學習來檢測空拍影像，發現可能有異常時通知業務負責人，因為最後還是要靠人工目測來判斷是否為異常狀況。然而，原本一年得花超過一千小時來觀看正常輸電線的影像，現在負責人員可以從如此嚴峻的業務中解脫，只要檢查很可能出現異常的地方就行了。

系統開始運作時訂立的目標是「檢漏率在百分之五以內」。然而，TDSE的庄司回顧，「當準確率達到某個程度後，其實要往上提升百分之一都很困難。」主要原因是前述異常資料數量比正常資料少得多。二〇一八年四月，該公司發現除了工務部管理的影像資料，其實也可以使用各事務所個別管理的影像資料。

「原先大概三百筆異常資料，一下子增加了差不多兩百九十筆，總計約有五百九十筆。」（宮島）因為有這些新增的資料，讓準確率得以提高，達成目標。由此實際體會到，如何收集相對少量的異常資料來檢測異常，將成為能否建置深度學習模型的關鍵。

系統平台是運用微軟的公用雲端服務平台「Microsoft Azure」的 GPU Power 研發操作環境。此外，簡易研發深度學習模型的框架，使用的是 Preferred Networks（PFN，東京千代田區）主導研發開源的「Chainer」。

針對架空輸電線診斷系統的建置，東電PG工務部輸電組技術第二小隊長小林岳評估，「成立維修升級推進小組，是建置運用人工智慧系統的一大重點。過去雖然提過推進維修升級，但都把重點放在輸電設備的設計或修改等。這次藉由成立新的組織，推動數位化解決課題的新觀點。事實上，二〇一八年六月系統正式上線運作前，維修升級推進小組就解散了，但已為實踐人工智慧等新觀念播下種子。」

應用於檢驗電塔或結構物生鏽的可能性

針對接下來系統正式上線運作，東電ＰＧ對成效充滿期待。「相較於以往由負責人員檢視影像，預料未來可以省下五成以上的勞力。首先，我們以系統順暢展開運作、提升一倍生產力為目標。最終希望達到省力八成；換句話說，將生產力提高到過去的五倍。」（宮島）

從架空輸電線診斷系統獲得運用人工智慧的專業技術，即使只限維護管理的領域，人工智慧也能運用於檢驗電塔或結構物是否生鏽。除了直升機之外，還能利用無人機拍攝，讓過去藉由人力穩定供應電力的機制，逐漸轉向數位化。

Case 15 武藏精密工業 Musashi Seimitsu Industry

本田旗下汽車零件製造商，試作不良品自動偵測系統

本田旗下汽車零件製造商武藏精密工業與人工智慧新創公司ＡＢＥＪＡ（東京港區）合作，測試製作運用深度學習的不良品自動偵測系統原型，並進一步實測。將以往靠人工目測進行的檢查作業轉向自動化。

檢測的對象是傘齒輪。汽車引擎扭矩從入力軸受力，由差速器總成來分配左右輪胎適當的迴轉路徑。傘齒輪是構成差速器總成的零件，一旦出現受損等不良狀況，對汽車造成的影響可能是發出怪聲、異常震動、鎖死、破損等，因此出貨前檢查是很重要的步驟。然而，人工目測檢查太倚賴個人感官和經驗，作業品質良莠不齊，而且是長時間高負荷的作業。對武藏精密工業來說，如何將這項作業自動化是一大課題。

目視檢查傘齒輪的作業，每一個傘齒輪最少需要兩秒。整體而言，目視檢查占生產線業務的百分之二十。如果這項作業能夠自動化，預計效果是可以讓經驗老到的人員應對其他業務。

武藏精密工業在研發初期使用的學習資料，取得了大約八萬六千筆傘齒輪的圖像資料。然而，武藏精密工業每月產出超過一百三十萬顆傘齒輪，不良率極低，僅百分之零點零零二。因

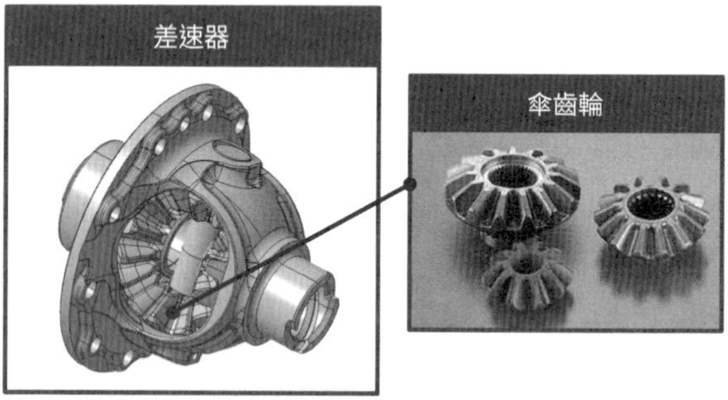

汽車引擎扭矩從入力軸受力，由差速器總成（左上）來分配左右輪胎適當的迴轉路徑

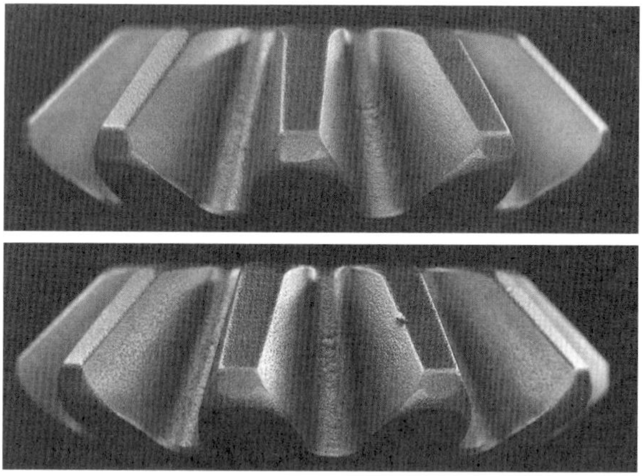

構成差速器總成的零件「傘齒輪」。上圖為正常品，下圖為不良品

此，收集異常影像資料非常困難。於是採取僅從正常影像資料來檢測異常的手法。這是深度學習的一種，名為自動編碼器（autoencoder）。

自動編碼器是將正常影像資料先經過降維壓縮，再恢復成原始影像資料的演算法。僅使用正常影像資料來學習的自動編碼器，在輸入異常影像資料的狀況下，也能復原正常影像，藉由自動編碼器產生的復原影像與原始影像之間的落差，就能判斷出現異常。

幾乎能實現與人工目視檢查相近的準確率

二〇一七年十一月一日，判定結果是，百分之九十七點七的不良品判定為不良，百分之二點三的不良品判定為良品。此外，百分之三十九點一的良品判定為不良，百分之六十點九的良品判定為良品，幾乎實現了與人工目視檢查差不多的準確率。對於這樣的判定結果，武藏精密工業AI計畫小組負責人村田宗太表示，「實際感受到顯著成果，預見在生產第一線實用的可能性。於是決定製作檢查機原型，實際安裝使用。」

目前武藏精密工業正著手打造第一號原型機，進入實測。推論裝置採用美國繪圖晶片大廠輝達（NVIDIA）強化人工智慧建置的平台「Jetson TX2」。由掌控偵測對象傘齒輪的機械手臂運送設備、拍攝轉動傘齒輪的攝影機（轉動一圈拍攝四十五回），以及可程式化邏輯控制器（programmable logic controller, PLC）等控制機械構成。

武藏精密工業打造的深度學習「不良品自動偵測系統」原型測試機。由掌控偵測對象傘齒輪的機械手臂運送設備（照片左側的機器）、拍攝轉動汽車零件的攝影機（位於照片中央設備的後方），以及可程式化邏輯控制器等控制機械構成

生產第一線的深度學習運用，目前多半停留在實測階段，少有進入實際運用的例子。整個業界訂定標準尚需一段時日，因此武藏精密工業打造出先行案例，在自家生產第一線進行實測，目標是活用深度學習。

Case 16 藤倉 Fujikura

藉由一般人工智慧與優秀人工智慧結合，實現自動化檢查半導體晶圓外觀

電線大廠藤倉，運用深度學習實現製作光纖雷射時檢測晶圓外觀的自動化。關鍵在於優秀人工智慧與一般人工智慧的結合。一般人工智慧察覺到製造條件變化的徵兆後，對優秀人工智慧實施新增學習，提高應變力，得以進一步實際運用。

藤倉近期全力投入的新事業是光纖雷射，這是一種在增幅媒質上使用光纖的固體雷射。由於光束品質較高，使用於材料加工用的光源。這種光線的來源（激發光源）是高功率半導體雷射二極體，不過檢查半導體元件製造材料晶圓的外觀是很辛苦的作業。

過去晶圓的外觀檢查由人工使用顯微鏡目視檢測。藉由在半導體晶圓上結晶成長的方式，製作半導體雷射晶片基底的步驟後，確認結晶是否順利成長。檢測微米單位的損傷很困難，作業極度傷神。由於必須具備高深的技術才能判斷，廠房第一線經常看到一群高階技術人員埋頭作業。

藤倉與集團內專營研發與製造高功率半導體雷射的OPTOENERGY（千葉縣佐倉市），以適用光纖雷射的高功率半導體雷射二極體達到晶圓外觀檢查作業的自動化。二〇一八年六月一日，系統導入生產線，進入實際運用。

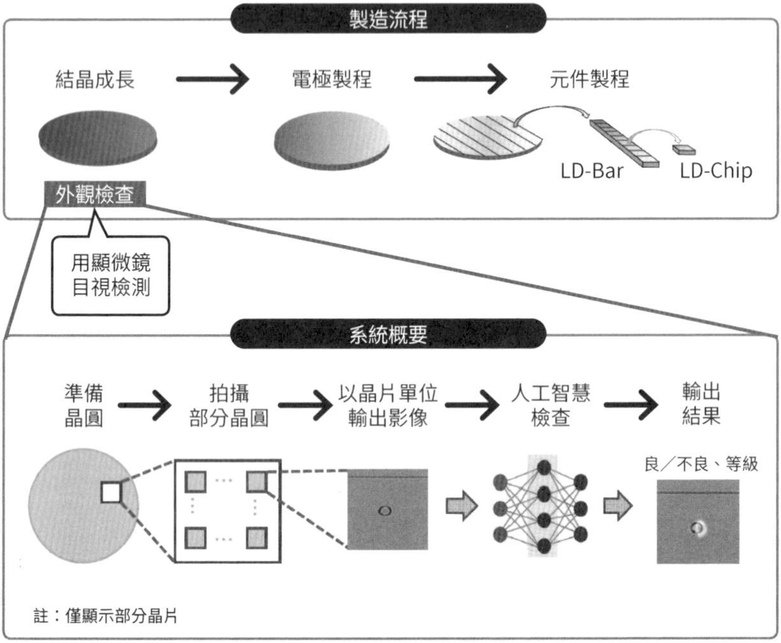

適用光纖雷射的高功率半導體雷射二極體的晶圓外觀檢查系統概要

正確率超過百分之九十九

藤倉生產系統創新中心副主任黑澤公紀說明導入該系統的成效，「晶圓外觀檢查自動化之後，高階技術人員可以把時間花在更多知識性的業務上。此外，不會因為作業人員而出現判定結果良莠不齊的情況，判定結果更穩定，加上能夠自動記錄結果，沒有記錄上的失誤。」

這套晶圓外觀檢查系統之所以能穩定運作，一大重點是判定半導體晶片是否為良品且能為不良品分級的人工智慧演算法正確率非常穩定，經常維持在百分之九十九以上。穩定運作的關鍵是優秀人工智慧演算法與一般人工智慧演算法合作的成果。說明個中奧妙之前，先簡單解釋一下這套晶圓外觀檢查系統的概要。

半導體晶片的製造是在晶圓表面燒上多項電路。檢查作業首先要準備半導體晶圓，依序拍攝晶圓的一部分（小單位）。小單位的影像中有多個晶片，用軟體將晶片一片片切開，輸出晶片單位的影像。將這些影像用於運用深度學習的檢查人工智慧，執行過去人工所做的分類（判別出良品或不良品的種類級別），然後輸出結果。例如，晶片雖然沒有損傷，但有看來像損傷的灰塵，灰塵可以在後續工程中去除，因此屬於良品的類別。

為了使用深度學習，總共收集了超過六萬筆晶片單位的影像資料，其中約一萬筆影像當作訓練資料。人工目視一筆筆影像資料，貼上良品、不良品的分級標籤。

學習時，建立類神經網路參數（權重）不同的多個人工智慧演算法。將其中正確率最高的當

由正確率的變化偵測出徵兆

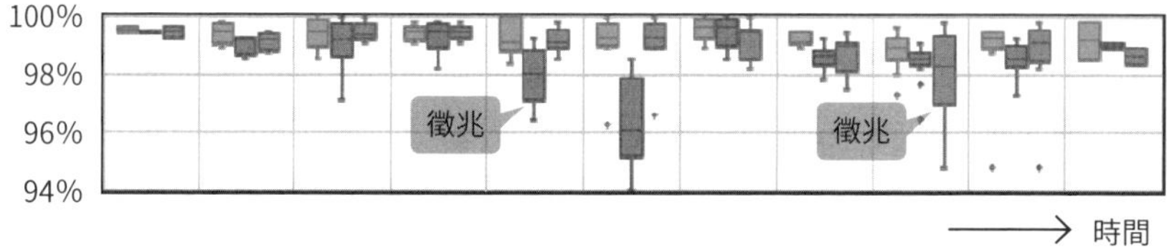

這張箱型圖的縱軸是正確率，橫軸是時間。直線劃分出的範圍中最左側的方形是優秀人工智慧的正確率。正中央的橫線是平均的正確率，方形最上方是正確率的上限，最下方是正確率的下限。右側兩個箱型是一般人工智慧的正確率。這三個正確率出現較大落差時，視為製造條件等出現變化的徵兆

作「優秀人工智慧」，其他的則是「一般人工智慧」。

晶圓外觀檢查的正確率多半為百分之九十九，但偶爾數值會下降。

實際上，「即使是優秀人工智慧的正確率也會突然下降。製造過程中各種參數在容許範圍內變動，或者原料、作業方法、機械、人員、環境等製造條件改變時，人工智慧尚無法因應微米單位的外觀變化。由於學習階段沒有學習到所有條件，還是會出現無法應對的情況。」（黑澤）

於是，較多人工智慧出現正確率不同時，視為製作條件變化等的「徵兆」，讓人工智慧新增學習變化時的晶片影像資料。具體來說，一般人工智慧判定錯誤的等級，或是錯誤的前一個等級新增學習。結果將能提高人工智慧的應變力，專業的說法是「提升通用性能」。

二〇一八年四月，研發完成，進行新增學習。六月之後，已經不需要靠人力盯著顯微鏡檢查，只是仍有人工定期檢視主系統輸出的晶片影像資料和熱點圖，讓人工智慧針對需要新增學習。藉由這種方式，正確率不致下滑，使晶圓外觀檢查系統穩定運作。

黑澤強調，「能夠掌握製造時各種參數容許範圍內的變動，或者製造條件變化而受影響的徵兆，正是穩定運作的關鍵。」藉由與一般人工智慧結合，提高優秀人工智慧的通用能力，是半導體晶圓外觀檢查系統得以穩定運作的重要因素。

case 17 川崎地質 Kawasaki Geological

追蹤路面下空洞的變化，偵測塌陷危險性高的地點

大型地質調查公司川崎地質運用深度學習研發一套自動偵測系統，能探測引起路面塌陷的高危險空洞，計畫在二〇一九年夏季之前實際運作。這套系統使用富士通的深度學習基礎服務。在地方政府等道路管理單位的巡邏車上裝設路面下空洞探測裝置，將行駛時收集到的探測資料傳送到川崎地質分析，就能自動偵測空洞的位置。

川崎地質目前正研發價格低廉、小型且不需維護的路面下空洞偵測設備。預計二〇一九年夏季之後，地方政府道路管理單位的巡邏車後方就會搭載這項設備。巡邏車行駛時收集路面下方（深度一點五公尺以內）的偵測資料，傳送到川崎地質，再由以深度學習演算法建立的學習模型來分析。最後將空洞位置等分析結果回報道路管理單位。作業流程大致如此。

路面下空洞的探測，以往是由地方政府的道路管理單位發包給川崎地質這類民間專業廠商。因此，測量的間隔不一致。如果小型偵測設備能夠完成，派出道路管理單位的巡邏車，就能在行駛中偵測，頻繁進行。這麼一來，可以掌握到空洞的時間變化，鎖定逐漸變大且塌陷危險性高的空洞，優先修補，提高道路修補效率。另一方面，雖然檢測出可能有空洞的異常信號，但並未隨

時間出現任何變化，便能判斷為塌陷危險性較小的空洞或為埋設管線等地下結構物。

用過去的調查結果作為訓練資料學習

目前路面下空洞調查仍倚靠人力作業。藉由雷達在道路照射電磁波，再測量反射波。由人工檢視反射波層層生成的影像，若判斷為可能有空洞的異常信號，實際挖掘道路，真的發現空洞就在影像資料標示「有空洞」。川崎地質有很多這樣的資料集。

路面下空洞自動偵測演算法，就是用這些資料集作為訓練資料，讓深度學習演算法學習之後研發而得。川崎地質社長坂上敏彥說明，「起初準備了大量的資料集，卻無法建立滿意的模型。於是，採取資料淨化（data cleaning）*（只限實際已確認過的空洞影像或類似的影像）的做法。資料量雖然減少到大約三百筆，但與富士通合作，藉由將訓練資料的高品質影像增強到數萬筆，接近需要的預訓練模型。」

現在剛進入第二階段。將淨化過的訓練資料進一步增強。川崎地質首都圈事業本部保全部探查小組探查開發室課長代理今井利宗說明，「我們將在二〇一八年完成強化後的預訓練模型。然

*譯注：亦稱「資料清理」、「資料清洗」，針對抽樣和統計上容易發生的客觀性偏差，刪除、更正資料庫中錯誤、不完整、格式有誤或多餘的資料，強化來自各個單獨資訊系統不同資料間的一致性。

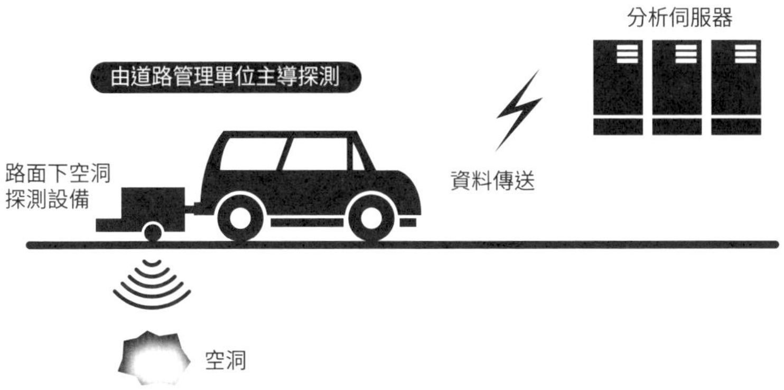

在地方政府等道路管理單位的巡邏車後方安裝小型且不需維護的路面下空洞探測設備。每當巡邏車行駛時，就能收集到路面下空洞探測的資料，傳送到川崎地質

而，即使是前面提到的強化模型，仍然很難百分之百探測出空洞，預設是百分之八十左右。為了更接近百分之百，避免遺漏任何空洞，重點是必須反覆探測同一地點，精確掌握該處的變化。」藉由變化的學習，計畫在二〇一九年夏季之前，讓這套探測高危險性塌陷空洞的自動偵測系統實用化。

目前是使用強化後的人工智慧擷取出可能為空洞的異常訊號，由技術人員來判定其中會因時間序列變化、塌陷危險性較高的空洞。異常訊號一旦隨著時間出現變化，通知道路管理機構等發包單位，報告有塌陷危險性高的空洞。至於成本方面，以技術人員介入的時間來設定。未來將使用反應明確的人孔蓋作為標記，讓人工智慧自動校正位置，如果能自動擷取出依據時間序列出現變化的高危險性空洞，打算重新計算成本。

用新的探測設備收集超過百倍資料

一般而言，發射電磁波的雷達多非日本本國製，而雷達本身非常昂貴，要價兩千萬至三千萬日圓，專門訂製用來探測路面下空洞的機型價格更是翻倍。目前川崎地質正自行研發價格低廉、小型且不需維護的設備。這種設備採取「啾頻」（chirp）*的方式，如果跟以往同樣的解析度，

---

*譯注：指頻率隨時間而改變（增加或減少）的信號，聽起來像鳥鳴的啾聲。

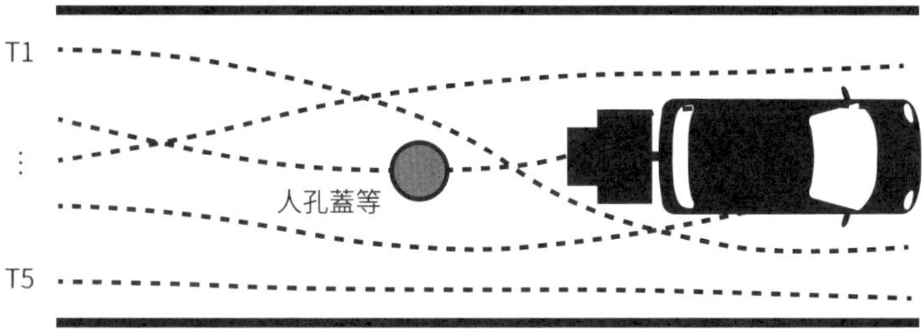

・使用人孔蓋等可明確顯示反應的地標來自動修正位置
・擷取出異常反應多次追蹤（還不確定是否為空洞反應）
・異常反應隨著時間出現變化就向發包者報告（確定空洞或塌陷危險性高）

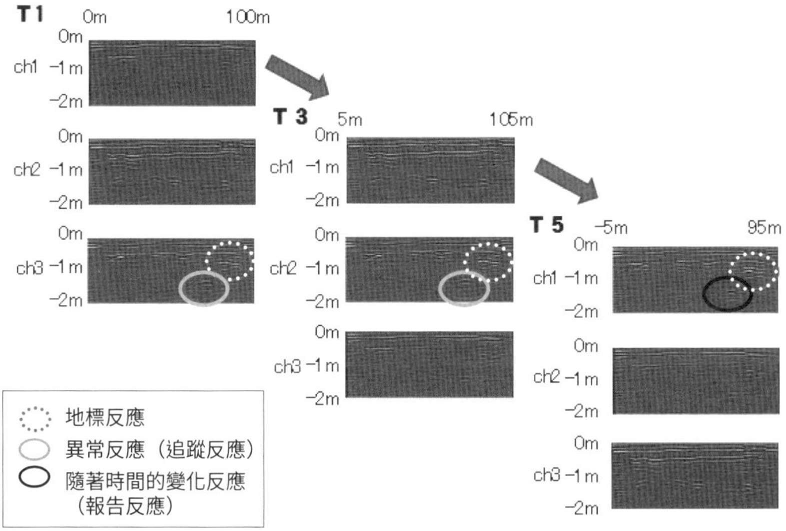

不外包專業廠商，由地方政府的道路管理單位巡邏車頻繁行駛來偵測空洞，就能掌握隨著時間的變化（上圖的 T1 → T3 → T5）。根據這個變化來判斷是否有面臨塌陷危險的空洞

可以探測到兩倍以上的深度。使用探測深度較深的啾頻式設備，即使是在考量維護保養和安全性的高度所裝設的雷達，亦能探測到深度一點五公尺的空洞。

若川崎地質的新型設備完成，搭載到地方政府等道路管理單位的巡邏車上，就能頻繁探測路面下方的空洞。坂上預期，「同一個地點能收集到一百倍至一千倍的資料，提升路面下空洞自動偵測演算法的準確率。」想提高路面下空洞自動偵測演算法的準確率，除了資料的品質之外，藉由大數據化，可以累積「時間序列的變化」、「微分值」、「集中探測位置」等，有助於提升探測準確率的資訊。

＊　＊　＊

接下來介紹使用監視攝影機和車用攝影機的影像，偵測以人為對象的異常狀況案例。

case 18 綜合警備保障 ALSOK

使用滿載保全警備專業技能的人工智慧來防止竊盜

綜合警備保障（ALSOK）運用保全人員的專業技能，與大約十間公司一起實測運用深度學習來預測竊盜行為。訓練資料使用的是真實竊盜案的影片。研發預訓練模型時，實際了解保全人員特別觀察竊盜犯的哪些動作。

這項計畫的目標是希望協助量販店和高級百貨公司等預防竊案。深度學習的演算法由專精人工智慧的 PKSHA Technology 提供，採取業界或特殊用途的深度學習技術影像辨識引擎「Vertical Vision」。

綜合警備保障從事保全警備業務的人員具備辨別竊盜犯的技能，特別留意竊盜犯某些動作。

綜合警備保障保全科學研究所長、享有執行董事待遇的桑原英治表示，「敝公司閉門不外傳的技能，將應用於預測竊盜的學習模型結構設計。眼神飄忽不定、手的動作等，這些可疑人物的舉動都輸入在保全人員的腦中。重點在於影片中該注意哪些地方。這次研發深度學習的預訓練模型時，就運用了這些技能。」

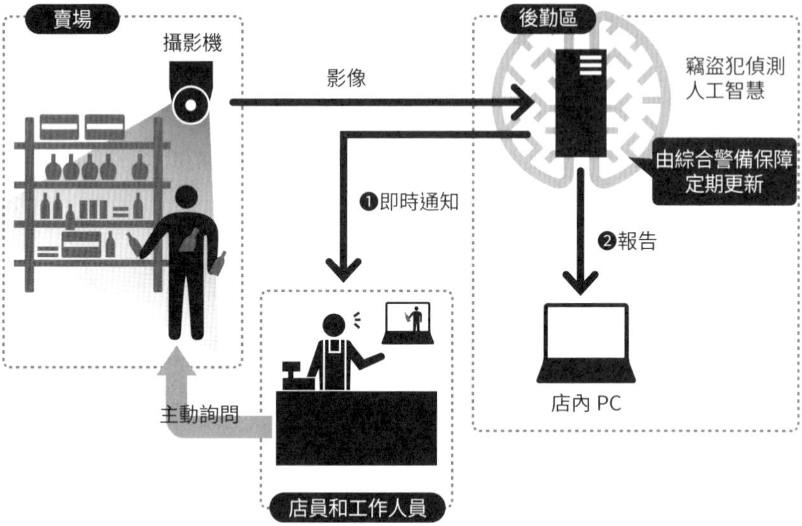

1
一旦偵測到可疑人物就通知店員，
由店員上前詢問來防止竊案發生

2
在一天結束時顯示可疑人物清單，
下次出現時特別留意

運用深度學習來偵測竊盜犯

藉由深度學習實現新型態的待客之道

針對警備業務運用深度學習的挑戰可不止於此。二〇一八年一月二十二日至一月三十一日，綜合警備保障與三菱地所、PKSHA Technology 在東京的新丸之內大樓地下一樓，實際測試運用深度學習的「新型態待客服務」。

基於「個人資料保護法」和其他相關規定，在設施內預先通知，並在不影響個人隱私的情況下設置臨時攝影機，藉此自動偵測行經人群的行為並加以分類。收集訓練用資料的影片期間為二〇一七年十一月十四日至二〇一八年一月三十一日。三菱地所表示，「在影片上加標籤的標註作業很花時間。」

從攝影機影片來偵測行為並做分析。偵測到的行為包括「東張西望」、「來回徘徊」等「迷路」的舉止；「蹲下」、「倒地」等「身體不適」的行為；還有「使用輪椅」和「帶著嬰幼兒」等行動。舉例來說，「一旦偵測到有蹲下的行為，判斷可能有心臟病患者，保全人員可立即攜帶自動體外心臟電擊去顫器（AED）等設備儘速前往。」（桑原）

站在三菱地所的立場，希望運用深度學習來降低大樓維護管理的成本。至於綜合警備保障的目標，除了更有效運用保全人員，同時期望兼顧提升運作品質。若能自動偵測，更能有效調派保全人員前往現場。

⬚ 偵測對象行為的部分 □ 偵測人的部分

在新丸之內大樓地下一樓進行使用深度學習的「新型態待客服務」現場實驗

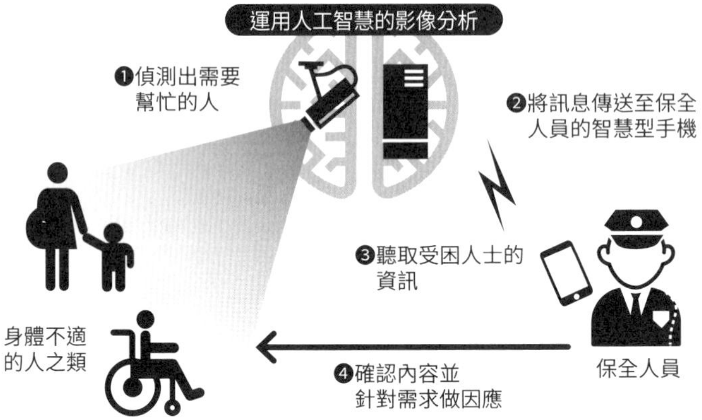
運用人工智慧的影像分析
❶偵測出需要幫忙的人
❷將訊息傳送至保全人員的智慧型手機
❸聽取受困人士的資訊
身體不適的人之類
保全人員
❹確認內容並針對需求做因應

受困人士的例子

迷路的人	・東張西望的人	・來回徘徊的人
身體不適的人	・蹲在地上的人	・倒地的人
帶著嬰幼兒的人		
使用輪椅的人		

運用深度學習的影像分析，偵測到需要幫忙的人，就會發送訊息至保全人員的手機，保全人員確認任務內容後因應

case 19 歐姆龍 OMRON

研發車用保護駕駛感測器，判定認知、判斷和操作狀況

二〇一九年底之前，歐姆龍將讓判定駕駛是否專注行駛的感測器「車用保護駕駛感測器」商品化，目標是能用於二〇二〇年底之前推出的第二級自動駕駛車。

該公司研發的核心據點是位於京阪奈學研都市的歐姆龍京阪奈創新中心，目前正持續研發二〇一六年發表的世界首款「車用保護駕駛感測器」。負責研發的技術暨智財本部感測研究開發中心技術專員木下航一表示，「希望在二〇一九年內正式推出車用保護駕駛感測器產品，並獲選搭載於二〇二〇年發售的第二級自動駕駛車。」根據汽車工程師學會（Society of Automotive Engineers, SAE）所制訂的「第二級自動駕駛」，這意指系統執行的是部分子任務，如前後、左右兩側的車輛控制，但與駕駛安全相關的監控和應對仍掌握在駕駛人手裡。

木下說明，「根據矢野經濟研究所預測，二〇三〇年之前，第零級到第二級的自動駕駛車將占百分之八十。因此，目前主流仍是第二級以下的自動駕駛，責任還是在駕駛人身上，這代表保護駕駛人的需求仍然很大。」

根據世界衛生組織的估計，全球每年因交通意外死亡的人數在二〇一〇年時是一百二十四萬

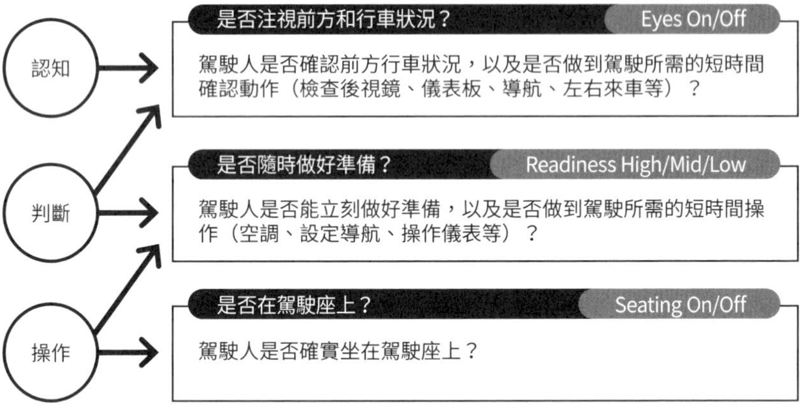

車用保護駕駛感測器輸出與「認知」、「判斷」、「操作」有關的三項指標

人，到了二〇二〇年將增加到一百九十萬人。而且據說，「交通意外的原因有大約百分之七十五與駕駛人在事故之前的行為有關。」（木下）僅從這一點來看，社會大眾對於車用保護駕駛感測器的需求絕對不會減少。

適用第二級自動駕駛的駕駛專注度感測

為了更明確判斷「駕駛人是否該負責任？」，車用保護駕駛感測器輸出與「認知」、「判斷」、「操作」相關的三項指標。

在「認知」方面，以表示駕駛人是否注視前方和行車狀況的「Eyes On/Off」來判定。用駕駛人是否確認前方行車狀況，判斷是否做到駕駛所需的短時間確認動作（檢查後視鏡、儀表板、導航、左右來車等）。

至於「判斷」，除了上面提到的認知之外，加上是否隨時做好準備，以「Readiness High/Mid/Low」來評定。判斷是否做到駕駛所需的短時間操作（空調、設定導航、操作儀表等）。最後一項「操作」，除了前面提到的項目，加上是否在駕駛座上，以「Seating On/Off」來判定。判斷「駕駛人是否確實坐在駕駛座上，處於可以駕駛的狀態」。

例如，Eyes=Off 的狀態，表示有「超過一定時間未注視車行方向」、「超過一定時間持續看著手機、書本或導航（螢幕）」、「始終朝著鄰座或後座乘客的方向」、「雙眼閉上」等行

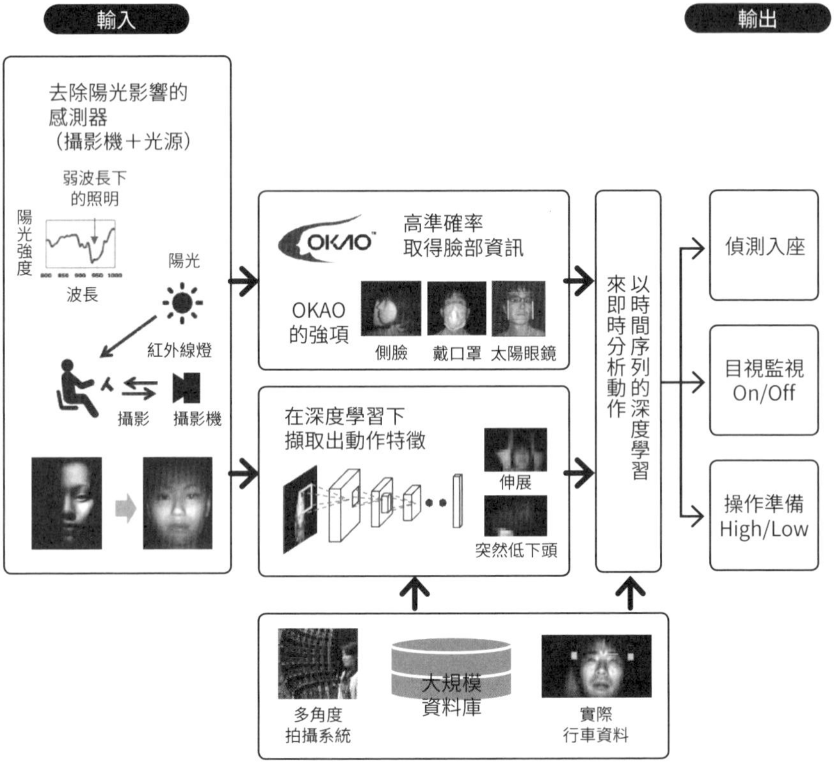

運用時間序列的深度學習來辨識駕駛人的舉動

為。Readiness=Mid 時，顯示可以用幾個簡單的步驟做好駕駛的準備。換句話說，可能是操作手機、電腦，或正在飲食、通話、照顧嬰兒或寵物的狀態。Readiness=Low 是睡著或身體不適，需要花點時間準備恢復到可駕駛的狀態。

以時間序列的深度學習來辨識駕駛人舉動

駕駛座儀表板搭載可以去除太陽光影響的感測器（夜間也可穩定拍攝的攝影機＋光源），或者組裝中央處理器（CPU）。從拍攝的影像可以獲得兩種資訊：「臉部方向與眼睛狀態」和「上半身的動作」。藉由歐姆龍深入鑽研超過二十年的臉部影像感測技術「OKAO Vision」，即使是戴著口罩或太陽眼鏡，仍然能以高準確率取得「臉部方向與眼睛狀態」的資料。OKAO Vision 是一套「辨識理解人類」的技術，具備偵測臉部、偵測人體、推估性別年齡、推估視線和臉部方向、認證臉部、推估表情、辨識手勢等功能。藉由超過數百萬筆的表情資訊，實現世界級水準的高階偵測和辨識功能，可從系統搭載到手機、數位相機等裝置。

至於「上半身的動作」，由深度學習的卷積神經網路來擷取，分類為「正在伸展」或「突然低下頭」等。此外，訓練資料使用數百人份的低解析度圖像（24×34點）。掌握人體某個部位如何動作的特徵，才能順利判別駕駛人各種動作。然而，要設計出由人類來擷取特徵的設備非常困難。這裡使用卷積神經網路這種深度學習的形式，優點是可以自動學習擷取最理想的特徵。

將「臉部方向與眼睛狀態」和「上半身的動作」套用於時間序列的深度學習「遞迴神經網路」演算法，即時分析動作，如上所述判定認知、判斷和操作狀況。由於人體的動作隨著時間變化，必須經過時間序列的處理才能判別。只靠卷積神經網路雖然能辨識出每一張圖像的姿勢，但若將時間軸串連在一起，無法辨識是什麼樣的動作。因此，這需要由遞迴神經網路來進行，使用的是近年來公認展現良好性能的「長短期記憶」。

木下表示，「目前在評估未來可以納入脈搏之類的生物資訊，預先偵測身體狀況的變化。」屆時並不是讓駕駛人使用穿戴裝置來取得生物資訊，木下滿心期待地表示，「我們希望使用能測量心跳的雷達，降低門檻。關鍵是如何在移動的車輛中去除雜訊。」

case 20 Mercari

使用智慧型手機拍照，就能自動輸入上架商品類別和名稱

日本國內每個月超過一千萬人使用跳蚤市場應用程式「Mercari」，一年（二〇一八年度）交易額高達三千四百六十八億日圓。深度學習在提升使用者體驗和實現安心交易上，發揮了很大功效。

Mercari的深度學習影像辨識運用有兩大方向。一是藉由提高服務的便利性，實現更好的使用者體驗；另外則是因應現金或演唱會票券等違反法律或規定的上架商品。

二〇一八年七月，累積的上架商品數量高達十億，Mercari保存包括這些照片、商品簡介文字等豐富的資料，對於運用深度學習的環境來說，相對得天獨厚。然而，通往目標的道路並非一帆風順。之所以能克服障礙，憑藉的正是Mercari的「Go Bold」（放膽去做）精神。

藉由影像辨識自動登錄分類

二〇一七年十月，Mercari推出影像辨識功能。用戶只要將想上架的商品用應用程式拍照，

Mercari 的應用程式，只要拍下商品照片，就會自動輸入商品名稱和類別，大幅降低上架的門檻

就會自動輸入商品名稱和類別。模型以深度學習過去的上架商品資料和影像來推論，顯示出商品名稱等選項。然而，相較於用戶上架商品數量，實際上自動輸入的情況不到一半。

原因是即使使用深度學習，仍然很難區分。用戶上架的商品影像受到拍攝的相機、光源、拍攝方向、背景等環境影響。例如，同樣是服裝類，放在地板上拍攝與穿在人體上拍攝，很難判斷是同一類商品。

深度學習的影像辨識經常宣稱可以「超越人類」。事實上，在全球性的視覺辨識競賽ILSVRC中，在有限的資料集裡的確能達到近百分之百的準確率。然而，如果像Mercari這樣實際運用在服務上，準確率會明顯大幅下滑。

除了上述的影像多樣性問題，太陽眼鏡和後背包等男女共用的品項，究竟是女性服飾配件還是男性服飾配件，基本上無法區別。

因為這些狀況，關於影像辨識服務功能上線這件事，工程師最初顯得裹足不前。

準確率低仍能實現「感動上架」

「研發了功能之後，有近半年的時間都在煩惱，（在低準確率的情況下）辨識類別和品牌究竟有多大意義。最後由服務部門高層做決策，認為只要能激勵人去行動、讓用戶感動，即使準確率低，也應該推出這項功能。」（軟體工程師山口拓真）

縱使準確率低，仍執意搭載以影像辨識自動輸入商品名稱和類別的功能，還有一個明確的原因。因為判定的準確率低而不自動輸入，藉此提高這項功能對用戶來說的準確率。換言之，實際加入這項功能，即使誤判也不會令使用者失望；另一方面，若能正確判定且自動輸入商品資訊，還能提供驚喜的新體驗。

Mercari 倡導的公司精神是「Go Bold」，技術第一線同樣秉持這種作風。「不僅是機器學習，包括其他技術新事物也相對積極採納。當然，要先明確了解影響的範圍和風險。」（山口）公司內部將這種藉由影像辨識來自動輸入的功能稱為「感動上架」，目標是讓用戶認為僅是在 Mercari 上架商品這件事，就是很愉快的體驗。

根據這項方針，進一步擴充影像辨識技術，支援用戶上架商品的功能。例如，現在只要拍攝書籍封面，就能自動輸入書名。過去可以做到拍攝條碼後自動輸入，現在又成功減少一個步驟。

影像辨識使用的是 Google 研發的深度學習影像辨識模型「Inception-v3」，新增了 Mercari 的上架商品影像學習後研發而成。

學習所使用的影像有時多達一千萬筆左右。使用的影像資料筆數因研發的各個模型而異，決策以推論準確率所需的學習時間、所需的圖形處理器伺服器費用等的均衡而定。每次學習要花上幾天時間，如果準確率只有些微提升，控制資料筆數，以便一天之內完成學習。在意識到實際服務使用的情況下，決定資料大小。

利用多模式辨識偵測違規上架

Mercari 另一項運用影像辨識技術的部分，是因應違規上架。Mercari 用戶可以檢舉通報違規上架的商品，但系統也會自動偵測出違規商品，在其他使用者看到之前進行相關處理。一天上架的商品數量高達數十萬至數百萬件，不可能全部靠人工目視來確認。因此，少不了藉由電腦等機器過濾。如果能篩選幾千件乃至幾萬件，之後就能由人工作業來判定。

從營運者的角度來說，希望只要可能違規的商品都能偵測出來，因為有這樣的動機，在技術層面上不斷挑戰。其中一個例子是多模式機器學習。偵測出違規上架的商品時，不僅影像，包括產品名稱、簡介文字、價格等各種類型的資料都會歸納進行深度學習，以便提升辨識準確率。

多模式辨識是目前廣受矚目的技術領域。「『多模式』這個詞經常聽到，實際做起來卻頻頻碰壁。而且幾乎找不到這方面的論文，也不清楚該怎麼改善。因此，根本已經不是單純的服務研發，而是用接近基礎研究的水準在鑽研。」（山口）

由於違規上架商品對社會造成重大影響，Mercari 非常重視，並指出判定的模型「運作的資料量非常大」（山口）。此外，實際運作的模型一旦增加，從工程的角度來看，會出現管理問題。為了提升偵測違規的準確率，定期更新訓練資料讓系統再次學習，而且演算法本身必須不斷改善置換。而當規則改變，出現新型態的違規上架，必須配合安裝新的模型。

更新模型並建立公開機制不可或缺

「有時一名工程師必須管理超過十個模型。但這麼一來得花工夫維護管理，無法處理其他新事物。」（ＡＩ小組總工程師木村俊也）

如果沒有事先想好模型的生命週期，每次更新或新增模型時出現問題，未來很可能一直留下舊模型，成為產品研發的瓶頸。因此，Mercari 針對深度學習、影像辨識，研發和使用的相關基礎建置持續進步。包括為了建立更安全的模型更新和上線機制，而且避免模型之間起衝突，聘用具備機器學習知識的基礎設備工程師。藉此降低將機器學習納入服務的門檻，並提升工程師的企圖心。最終目標希望能形成正向循環，讓產品提升更具吸引力。

＊＊＊

前面描述各種偵測異常的案例，接下來介紹根據眾多資料來嘗試預測行動和需求的案例。

Case 21 東京無線協同組合 Tokyo Musen

菜鳥駕駛勝過經驗豐富的中堅員工！人工智慧計程車的威力

「載客率提高了。」「商機很大！」東京無線協同組合（東京新宿區）加盟的各家計程車公司，個別針對駕駛人工智慧計程車的司機進行問卷調查，得到這些感想。二〇一八年七月二十一日，人工智慧計程車開始上路。

東京無線副理事長高林良吉說明人工智慧帶來的成效，「從各家計程車公司聽到的說法是，換了人工智慧計程車之後，每天業績約可以多兩千日圓。」雖然受時間和天候影響而異，但一天的業績大約四萬五千至五萬日圓。「一個月算下來多了兩萬四千日圓，一年多了二十八萬八千日圓。」（高林）

菜鳥駕駛十五趟，中堅駕駛十趟。這項乘車次數數據，分別指使用人工智慧計程車搭乘台數預測的新人駕駛，以及沒有使用的九年資歷中堅駕駛。這項結果來自某電視節目的企畫，由東京無線協助配合。協助這項企畫的東京無線無線委員會委員長山本敏之解釋，「內容是開著車子行駛六小時，在搭乘次數上，新人駕駛以一點五倍大獲全勝，但實際營業額平分秋色。」金額方面，新人駕駛是一萬七千五百九十日圓，中堅駕駛則是一萬八千零五十日圓。高林說明，「看起

每十分鐘會預測在每 500m 網格中三十分鐘內的計程車搭乘台數，並顯示在平板電腦上

來有經驗的駕駛比較能招攬到搭長程的乘客。」

從這項結果來看，「使用人工智慧計程車，即使是菜鳥駕駛，也能完成和一般司機同樣的工作。」（高林）以現階段而言，東京無線總計三千七百七十四輛計程車中，大約三成使用了人工智慧，未來預計所有車輛都會使用。

高林表示，「目前的確因為人工智慧計程車而增加搭乘次數，但還無法因應如何找出搭乘長程的乘客。」

此外，關於人工智慧計程車的使用方式，新人與資深駕駛似乎不同。新人駕駛關注人工智慧計程車平板電腦上顯示的乘車台數預測值，並且開往數值較大的地區；有經驗的駕駛則有自己熟悉的地盤，在這些地方或許不會特別使用人工智慧。然而，如果到了不熟悉的地區，說不定就會靠人工智慧的資料，增加載客次數。

人口統計×行駛狀況×氣象資料×設施資料

計程車需求預測模型的研發，使用ＮＴＴ ＤＯＣＯＭＯ的即時移動需求預測技術。計程車需求預測模型使用的學習資料，包括人口統計數據、四千四百二十五輛計程車的行車資料、氣象資料、設施資料等。這些資料的對象期間是二〇一五年四月一日至二〇一六年八月三十一日。

使用這段期間的各項資料學習後，建立預測模型。檢驗二〇一六年九月一日至九月十四日這

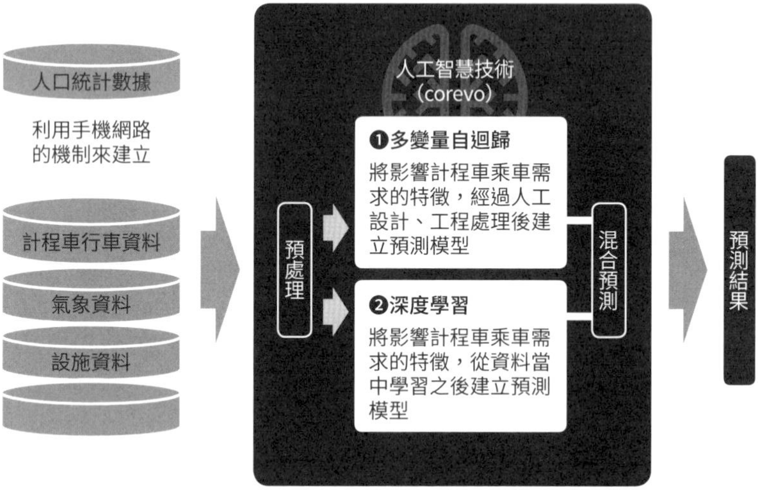

分別使用多變量自迴歸和深度學習來預測計程車需求

NTT DOCOMO 即時移動需求預測技術的架構

段時間的評估資料預測正確率，達百分之九十三至百分之九十五，確認能夠精確預測需求。至於正確率，係指計程車載客的預測值在實測值的正負百分之二十以內，或者正負一輛車以內。預測正確率的計算方式是：（預測結果正確的網格數）÷（預測的網格數）×100。*

人口統計數據是將日本全國以500m網格來分割，每個網格在某個時間點的人數推估值，利用手機網路的機制來建立。將這個架構以時間序列觀察增減的情況，便能以宏觀角度來掌握人口的移動，預測移動需求。

氣象資料則是從氣象雷達預測雨量等。設施資料是顯示哪裡有什麼樣的設施（活動會場、車站、醫院、學校等）。氣象資料、設施資料的出處來源都沒有公開。

為了提升準確率而擴充資料量

一般來說，要提升深度學習之類機器學習的準確率，必須準備大量類似或相近狀況的資料來學習才有成效。然而，NTT DOCOMO在合約上避免使用計程車公司和協同組合等跨組織的學習資料。換言之，建立的是每個組織個別的預測模型。因此，東京無線只用業務區域的東京都二十三區、三鷹市和武藏野市的資料來學習。

*譯注：「網格」（mesh）係以經緯度為基礎，將土地分為格子狀的區塊。

搭載人工智慧系統平板電腦的計程車駕駛座

他們使用降噪自動編碼器（denoising autoencoder）的方式來擴充資料量。首先，自動編碼器的手法是將原始資料經過降維壓縮再還原資料。讓系統學習類神經網路，使輸入能夠以輸出來還原。

針對這項手法，在原始資料上加入雜訊後進行自動編碼器處理，就是降噪自動編碼器。在原始的輸入資料數值加上幾個百分比的變動，藉由讓資料丟失的處理來增加資料量。將這些作為輸入資料的降噪自動編碼器，由於要在類神經網路上進行去除加入的雜訊，因此可以準備更多的輸入資料。

此外，另一項處理是不在每500 m網格建立學習模型，而是全區域建立一個共同的學習模型。藉由這項處理，讓單一模型內輸入的資料量變多。這可說是從類似區域的資料來學習。例如，在三鷹地區的預測上，類似三鷹地區（如吉祥寺等地）的資料亦有助於學習。

以混合方式預測，採用接近實測值的模型

研發出的計程車需求預測模型有兩套，以混合方式來預測結果。將預處理的學習資料以兩種人工智慧技術來處理，研發出計程車需求預測模型。一種是多變量自迴歸（autoregression）*，以人工設計、工程處理影響計程車乘車需求的特徵來建立預測模型。另一種則是深度學習。從資料當中學習影響計程車乘車需求的特徵來建立預測模型。

使用這兩種計程車需求預測模型，來預測每個時段裡500m網格的計程車需求量。在兩種手法中，以每個時段500m網格為單位選出其中實測值接近預測值者。換句話說，以混合的方式取出優選者來建立預測模型。

計程車需求預測模型，重點在於配合使用人口統計數據、計程車行車資料、氣象資料、設施資料等。整合這些資料來提高需求預測的準確率。資料整合是未來的一大趨勢。例如以汽車資料為主軸，資料保存公司、分析公司、資訊科技公司等各類相關企業都將出現新的商機。

*譯注：自迴歸模型是統計上一種處理時間序列的方法，用同一變數的之前各期來預測本期的表現，並假設它們為一線性關係。

case 22 順風路 JUNPUZI

以人工智慧預測人的移動並加以視覺化，布局近未來的交通系統

如果能正確預測人的動向，可以進一步提升交通系統的效率，並讓使用者覺得更方便。「明天下午一點，會有多少人往哪裡移動呢？」像這樣以人工智慧來預測未來交通需求，並呈現在地圖上的實驗，目前正在進行。經營道路交通資訊等廣播相關事業、隨選運輸系統「Convinicle」的順風路（東京豐島區），與東芝數位解決方案公司（Toshiba Digital Solutions Corporation）（川崎市）共同進行實測實驗。

畫面上會出現地圖。地圖上面包含多個粗細的箭頭，這些箭頭的形狀隨時間改變。這是將隨選運輸系統預測使用者的上下車地點、時間、人數需求等資訊，以箭頭顯示在地圖上。未來的特定時間，「從A地點到B地點有多少人有移動的需求」，在地圖上一目了然。了解人群移動的需求後，運輸系統可因應狀況提供服務。藉由進一步提升隨選運輸系統，提高效率和便利性。

順風路與東芝數位解決方案公司目前正共同進行實測交通需求預測系統。二〇一八年七月，這項系統展開實測，能夠預測幾週後「未來需求」的系統原型開始運作。順風路社長暨運用推進部部長吉富廣三說明，「過去雖然有交通需求預測系統，不過多半是針對類似計程車業者，顯示

在特定地點是否有顧客需求。然而，我們的預測系統可以了解的需求，是在未來的某個特定時間有多少人會從哪裡到哪裡。」換言之，目前進行的實測不僅是乘車的「點狀」需求，還能以移動的「線狀」來預測交通需求的系統。

運用從全國超過四十個地方政府收集到的資料

順風路針對地面數位電視廣播系統的數據廣播提供顯示道路交通資訊的地圖，並經營與東京大學共同研發的 Convinicle。隨選運輸系統是由使用者以電話或網路預約乘車後，再以共享車輛將乘客載送到目的地。由於比一般公車有彈性，車資又比計程車便宜，是一種在區域內方便移動的交通系統。二〇〇九年，Convinicle 服務正式上線，以遠離都會區的地方政府為主，共在日本四十三個縣市營運。二〇一八年八月，以全日本的使用情況來說，共有十四萬人登錄，每天約有一百六十輛車行駛，一個月約載送六萬五千人次。這個交通系統已經紮根地方，使用者眾多。

「目前全國有幾百個隨選交通服務，但幾乎都是在固定時間、固定路線的沿路載客類型。接受預約時單純是固定路線沿路載客，不需要特別一套系統。另一方面，Convinicle 有兩套系統，一是在區域內廣設上下車站點，可以自由上下車的『全隨選型』；另一種則是在路線上設定一定條件，以期行車高效率的『半隨選型』，由這兩套隨選運輸系統來因應。」（吉富）

會員的電話預約，以及二〇一八年二月開始部分啟用的網路預約資訊，都可以在系統上控

隨選運輸系統「Convinicle」有計程車或小巴士等，協助年長者等人士運輸移動

制，提供理想的車輛運作和會員配車的機制。由於是共乘型系統，無法像計程車一樣，在要求的時間準時配車，但可以自動計算出在盡量接近的時段，而且不繞遠路抵達目的地的行車計畫。

因為是會員制，實際乘車狀況、原本要求的配車時間等，與會員屬性等資料一起累積下來。藉由分析資料，「就能提供適合的解決方案，例如最初以『全隨選型』來運作，掌握到需求和地區特性後，可配合地方特性轉為『半隨選型』。」（吉富）至於資料，可以提供前一天之前的紀錄，包括要求搭乘的次數、成約率（包括無法配合要求配車的狀況）、時間、星期幾、使用者年齡等，有助於篩選營運課題乃至解決方案。導入Convinicle的優點是，「無論任何人都能營運到同樣水準。即使地方政府委託的運輸公司換了，只要持續使用Convinicle，就能繼續提供隨選運輸系統的服務。」

計畫運用針對交通行動服務（MaaS）領域的資料

看起來Convinicle已經深深紮根地方，但其實順風路評估了將近十年實際運用後累積的營運資料運用方向。由於大眾對汽車的態度從持有轉為利用，加上電動車（EV）越來越普及，汽車與交通相關的大環境逐漸變化，順風路看好隨選運輸系統事業的未來性。於是，下一步思考的是把交通工具當作服務來提供的交通行動服務（Mobility as a Service, MaaS）的進展，以及活用小巴士之類的微型運輸（microtransit）。微型運輸可以定位為隨選運輸的都會版。

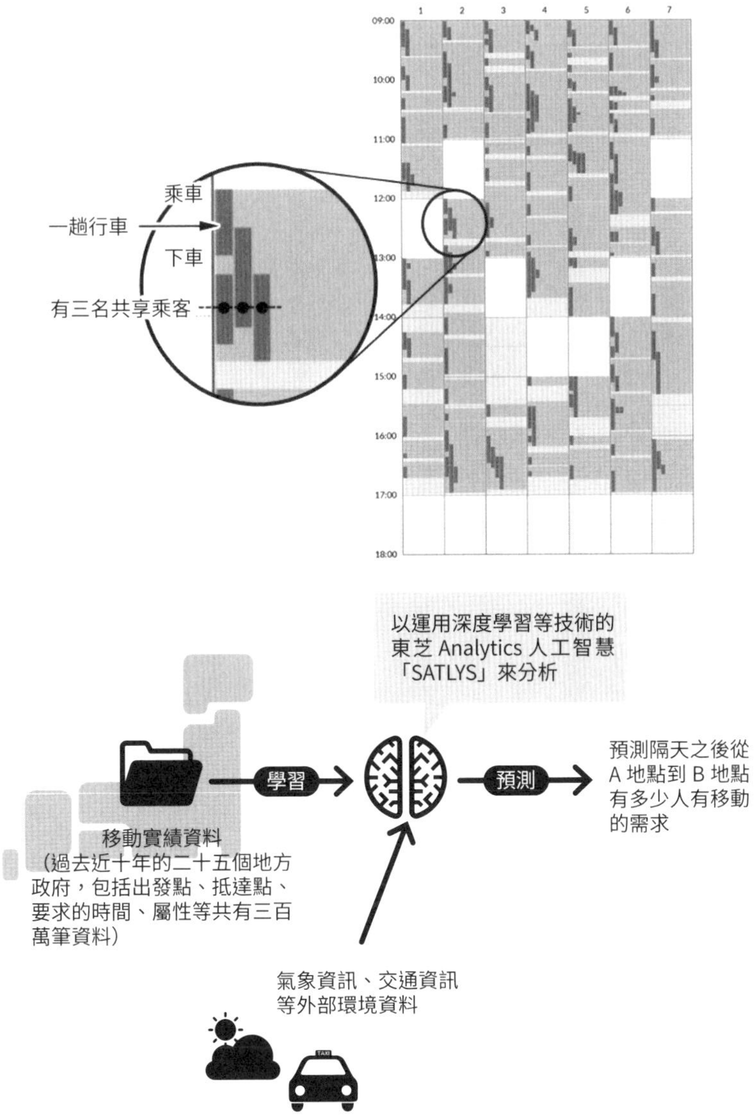

順風路以過去的資料為基礎，預測未來的移動需求

「不光是人口外移的周邊地區，即使在都會區，微型運輸也可以當作從電車站、公車總站到目的地之間最後一段路的接駁。於是讓我們想到Convinicle系統正好符合這樣的需求。進一步思考，運用過去累積的乘車資料，以人工智慧來分析需求，是否能讓微型運輸的運用更有效。」（順風路執行董事暨企畫開發部部長神谷聖二）順風路有隨選運作所需的資料，包括出發點、抵達點、要求的時間、使用乘客的屬性等，從服務正式運作至今近十年來約累積了三百萬筆。

以移動和氣象資訊等資料來預測需求

順風路的母公司「長大」（Chodai）是上市公司，順風路本身卻是十五名員工左右的規模，業務內容從技術研發到運作，實在沒有餘力納入專業人才從事人工智慧研發。因此，在使用深度學習的分析手法上，借重東芝數位解決方案公司的專業，合作進行實測。

吉富表示，「以Convinicle目前的系統來說，一天一輛車因應三十筆預約已經是極限，如果引進人工智慧，就能提升效率。尤其要在都會區落實微型運輸，相較於郊區的隨選運輸，必須讓小型車更有效運作。我們希望在這樣的時代來臨之前，研發出以深度學習來預測人們移動的系統，有效運用於未來的業務。」

實測時，從Convinicle累積的資料中，挑出二十五個地方政府的資料交給東芝數位解決方案公司。由東芝Analytics的人工智慧「SATLYS」以深度學習來建立預測需求的模型。從累積的移動實績資料以深度學習來建立預測模型，預測幾週後「從A地點到B地點有多少人有移動的需求」等移動狀況。過程中用順風路擁有的實際移動資料來當作訓練資料學習。由於是實際的資料，可以對照正確答案，建立預測準確率較高的模型。此外，需求預測除了氣象資料、交通資訊等原先Convinicle收集的資料之外，其他外部環境的資料亦視為大數據，納入進行學習。

目前順風路與東芝數位解決方案公司之間只是資料交換，屬於「初步結合」（神谷），還沒有落實到系統之間的合作。未來希望讓Convinicle的系統與東芝Analytics的人工智慧「SATLYS」做系統上的合作，將更能有效學習和進行驗證。加入資料有效活用，以及運用即時資料的機制，以期建立正確預測微型運輸等多樣化交通工具需求的系統。針對目前的實測，「希望能在兩年內做出結論，邁向實用化。」吉富一心不忘朝正式業務發展。

以附帶屬性的方式收集三百萬筆人群移動的資料，對於接下來開始研發微型運輸或交通行動服務解決方案的公司而言，這是很高的門檻。因此，順風路的優勢在於已經擁有大量資料，不單只是預測需求，還能建立驗證各地區特徵和逐年變化等模型。

Case 23 Video Research

學習約一萬支電視廣告影片，在播放前精準預測效果

電視上播放的廣告，有多少讓觀眾留下印象？會讓觀眾產生好感，特別注意嗎？會因而增加購買意願嗎？這套系統在廣告播放前的階段就正確預測播放之後的效果，甚至掌握提高廣告效果的重點，二〇一八年中進入實用階段。廣告的事先測試變得容易，廣告製作工程也出現變化。

電視收視率調查公司 Video Research（東京千代田區）與東京大學研究所資訊理工學系研究科電子資訊學研究室山崎俊彥副教授共同研究一項專案。山崎與各業界的企業合作，進行將吸引力數值化的「吸引力工程專案」。

以往預測廣告效果的思考模式，是以廣告每次播出時收視率總計的「總收視點」（gross rating point, GRP）為標準。因此，在收視率高的節目時段增加廣告播放次數，認知率、好感度和關心程度將等比上升。然而，這樣並沒有反映出創意的好壞，而且總收視點超過一定數值後，認知度和好感度的成長遞減。

因此，Video Research 和山崎運用 Video Research 過去做過的廣告問卷資料，進一步分析認知度和好感度較高的廣告具備了什麼樣的特徵。

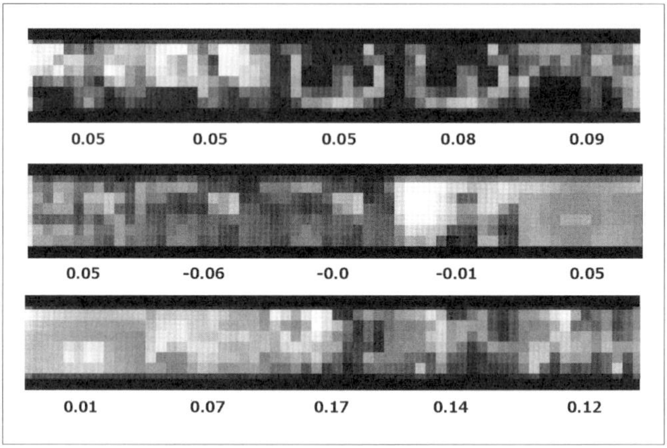

計算出對每一格廣告認知的貢獻度，將廣告的吸引力可視化

※ 為保障著作權，影像已經過處理

將十年分的一萬支廣告以每支十五張圖像來分析

一九八二年開始，Video Research 針對每個月約一百支廣告片，對六百名受訪者進行問卷調查，了解關於內容的理解、對產品的興趣關心程度、好感和印象等，並歸納出播放量與效果之間的關係，做成一份調查報告「TV-CM KARTE」。利用這份資料，以二〇〇六年一月至四月調查的約一萬兩千支影片為對象，並從十五秒的廣告影片中擷取出一秒一格的影像和語音資料，使用深度學習來分析。

使用約一萬支廣告來學習，擷取出影像和語音特徵，學習從問卷結果獲得的認知度、好感度、興趣關心程度、喚起商品購買意願程度等之間的關係。剩下約兩千支廣告作為驗證用，驗證是否能從擷取出的特徵量來預測認知度、好感度等的高低和準確率。

首先，僅從廣告影像來實驗的結果，與認知度的相關係數為0.44，與商品購買喚起度的相關係數為0.43。這些數值已經大幅超越總收視點與認知度的相關係數0.35，以及總收視點與商品購買喚起度的相關係數0.22。接下來，在輸入要素加入語音資訊（聲音高低和節奏等）、字幕和演出人員資訊等廣告的其他後設資料（metadata，關於資料的資料）來實驗，與認知度的相關係數從0.44提升到0.64，與商品購買喚起度的相關係數則從0.43變成0.65。進一步加入微調後，二〇一八年春季，認知度和購買喚起度的相關係數都高達0.7。

在廣告影像方面，各分成十五張圖像來分析兩者的差異，藉此計算出每一張圖像對認知度和好感度的貢獻度。正值越大代表貢獻度越高，負值則代表反效果。山崎說明，「整體而言，在代言藝人或商品明顯出現的鏡頭上，貢獻度較高。廣告開頭引起注意的音效也很有效。這些結果可能都在意料之中，但能夠將影響的程度數值化，以及掌握到產生負面影響的片段，這些都有很大的意義。」

代表 Video Research 參與這項共同研究的解決方案事業局行銷解決方案部第一小組長暨資料設計部邏輯小組的河原達也表示，「對廣告主來說，播放前就能預測認知度和購買喚起度是一大重要成果。過去在播出前評估廣告案的問卷測試，由於預算和時間的限制，能調查的創意模式受限。如果能事先預測播出後的反應，就能嘗試多種編輯模式，選擇預測反應比較好的廣告。」

向廣告商和主要廣告主說明這項系統後，獲得不錯的反應，二〇一八年仍會持續進行廣告預測的評估。這很可能對廣告製作工程本身帶來很大的改變，例如從收錄的多數廣告影像中找回並重用當初被修剪捨棄的片段。

case 24 So-net 媒體網路公司 So-net Media Networks

橫幅廣告點擊率高低的預測準確率，專家百分之五十三對人工智慧百分之七十

發展網路廣告相關事業的 So-net 媒體網路公司（在台分公司名為「台灣碩網媒體網路股份有限公司」），以投放實績為基礎，讓系統以深度學習方式了解高點擊率與低點擊率（點擊率：click-through rate, CTR）的橫幅廣告，並能以百分之七十的準確率預測出點擊率的高低。過去即使該公司號稱網路廣告專家的員工，預測的準確率也只有百分之五十三。預料這將改變廣告的製作和選定作業的流程。

即使是網路廣告業務專業人員，對於判斷橫幅廣告優劣的功力，仍遠遜於人工智慧。二〇一八年六月五日，日本第三十二屆人工智慧學會全國大會揭幕，So-net 媒體網路公司發表了這項研究結果。這是邀請東京大學研究所資訊理工學系研究科電子資訊學研究室山崎俊彥副教授擔任技術指導，推動共同研究所獲得的成果。

將點擊率高與點擊率低的圖像分開來進行深度學習，能夠以七成的準確率判斷未學習的橫幅廣告點擊率。另一方面，由該公司七名員工，也就是網路廣告專業人士來挑戰預測點擊率的高低，準確率只有百分之五十至百分之五十五（平均百分之五十三）。

So-net媒體網路公司主要致力於需求方平台（demand-side platform, DSP）業務，需求方平台是針對橫幅廣告的購買、投放、目標族群鎖定等各項條件讓廣告投放達到最佳化的平台。率領該公司研發部門「a.i lab.」（Ambitious Innovation Laboratory）的執行董事山本則行說明，「過去我們在提高鎖定目標族群和競標效率上也運用了人工智慧，二〇一七年春季開始投入這項事業，希望未來更廣泛運用於廣告創意。」

用三萬五千則橫幅廣告來學習

用來學習的資料是過去兩年間實際投放過的橫幅廣告，大約三萬五千則。從十一萬筆橫幅廣告圖像中先刪去幾乎同樣構圖的橫幅廣告，並且將對象限定在方形橫幅廣告。為了避免出現不當的高準確率，非常仔細篩選學習資料。高點擊率群組的最低點擊率要超過百分之零點一五，低點擊率群組的最高點擊率要低於百分之零點零七，臨界值比較是兩倍以上的差距。在橫幅廣告的投放實績上，這相當於點擊率的前段百分之三十與後段百分之三十。

圖像亦加入了其他後設資訊，例如廣告對象產品的資訊、商品類別、對象裝置的資訊（針對電腦或智慧型手機的廣告）。得到的結果是，只談橫幅廣告圖像，預測準確率是百分之六十四；加入裝置資訊，則是百分之六十六；如果連商品類別的資訊也加入，預測準確率將提高到百分之七十。

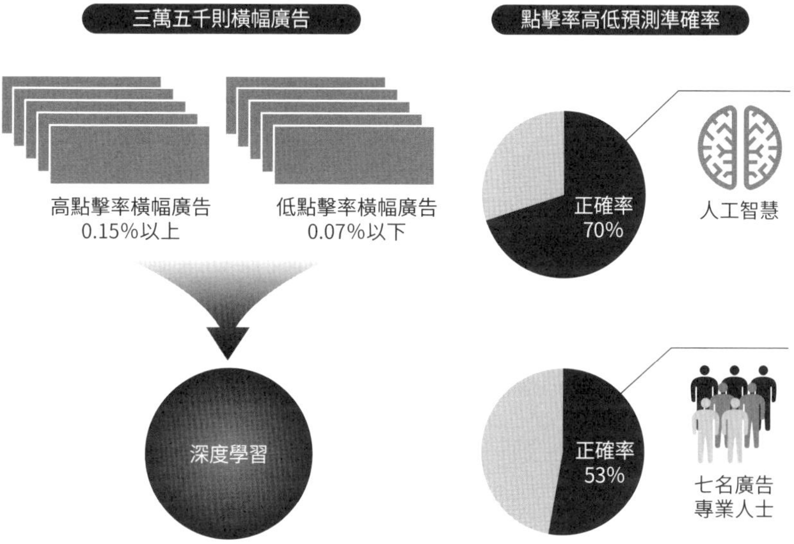

即使是廣告專家的預測準確率也僅 50 ～ 55%，人工智慧卻能以 70%的準確率預測出高點擊率的橫幅廣告圖像

主導這項實驗的該公司資料科學家坂田隼人說明，「這次在系統中納入一項功能，將對提升點擊率有貢獻的圖像區域，以及導致點擊率降低的區域都標示出來，哪個部分是好是壞都能以視覺呈現。」公司內部的廣告製作團隊率先運用這項功能，作為判斷廣告創意好壞的基準之一。

在橫幅廣告的投放上，藉由準備多個橫幅廣告進行A／B測試，可以篩選出點擊率高的廣告投放，停止點擊率低的廣告。另一方面，事先預測高點擊率廣告，連帶可以大幅削減選定橫幅廣告的工作量和成本。這麼一來，過去遭塵封的橫幅廣告案可能重見天日。

未來將持續深入研究，例如在橫幅廣告加入文字資訊後，測試詞彙選定對於點擊率的影響，以及找出各個使用者族群容易接受的廣告，同時除了點擊率之外，更進一步篩選出接下來從登陸頁（landing page）*容易連結到購買的廣告有哪些特徵。另外，考慮藉由提高預測準確率，提供建議給創意製作等外部系統。

＊＊＊

本章最後介紹對未來的影像辨識、異常檢測、預測活用領域都深具期待的醫療專業。相較於技術面，目前日本的醫療領域在深度學習的實用面上仍遠遠落後其他國家。

*譯注：使用者透過廣告、搜尋引擎等點擊進去後第一個連結到的頁面，主要是為了引導訪客採取特定的行動，如註冊帳號、購買商品或服務等；當訪客達成頁面設定的目標，稱為「完成轉換」，轉換率越高表示頁面設計越精準。

Case 25 佳能醫療系統 Canon Medical System

日本國內醫療第一線首次實際使用運用深度學習的儀器

佳能醫療系統運用深度學習，研發去除電腦斷層攝影（CT）影像資料雜訊的技術，能夠在四分之一的低輻射劑量下，拍出相同解析度的電腦斷層攝影影像。二〇一八年三月，這項技術獲得許可，目前已經用於日本醫療第一線。這是日本國內首次在醫療第一線實際使用運用深度學習的儀器。

點燃第三次人工智慧熱潮的深度學習，大幅提升了影像辨識的準確率，許多具備替代「人眼」能力的設備，讓各個業界大受震撼。醫療界是其中之一。而且令人意外的是，日本國內醫療第一線已經運用深度學習這件事，知道的人並不多。

佳能醫療系統（栃木縣大田原市）在將深度學習應用到醫療影像上具有優勢。該公司前身為「東芝醫療系統」（Toshiba Medical Systems），二〇一六年十二月加入佳能集團。佳能醫療系統的業績有將近八成來自超音波診斷設備、電腦斷層攝影設備、磁振造影（MRI）設備等醫療影像診斷儀器。佳能電腦斷層攝影設備在全球的市占率超過百分之二十，和美國奇異（General Electric, GE）、德國西門子（Siemens）並駕齊驅。

原始影像　　　　使用 AiCE 的影像

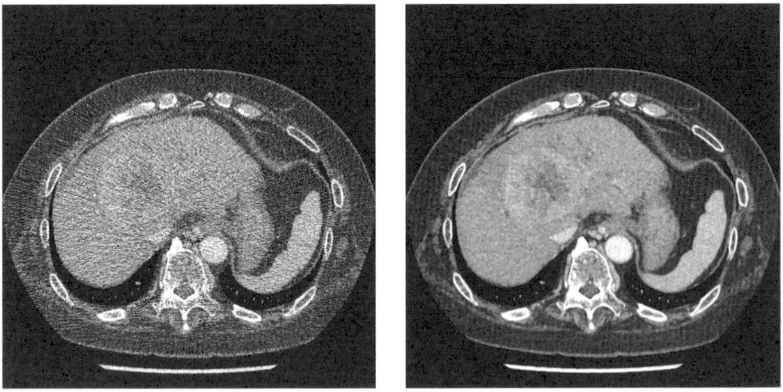

使用以深度學習去除電腦斷層攝影影像雜訊來重建電腦斷層攝影的技術「AiCE」，所拍攝的肝臟電腦斷層攝影影像（右）

佳能醫療系統運用深度學習將電腦斷層攝影影像去除雜訊的電腦斷層攝影重建技術「AiCE」（Advanced Intelligent Clear-IQ Engine），搭載於該公司X光電腦斷層攝影設備的高階機種「高精細 CT Aquilion Precision」，這款機種的解析度是以往的兩倍。

AiCE 已經實際運用於日本國內醫療第一線，二〇一八年三月獲得藥機法許可。藥機法是日本國內確保醫療用品和醫療器材的品質、有效性、安全性的相關法律。這是日本國內首次針對在醫療影像上運用深度學習的器材頒發許可。

可以重建在低輻射量下同等解析度的電腦斷層攝影影像

胰臟是很小的器官，癌症出現的病變對比很微小，以往很多病例用電腦斷層攝影都很難觀察到。電腦斷層攝影是由發出X光的球管和X光偵測器在甜甜圈狀的機台內旋轉，同時收集資料的設備。佳能醫療系統社長瀧口登志夫（佳能專務執行董事醫療事業本部長）解釋，「只要增加X光的量，就能獲得更精細的影像，但同時會增加輻射量。然而，使用 AiCE，可以重建在低輻射量下同等解析度的電腦斷層攝影影像。」

AiCE 是使用深度學習來設計，藉由辨識處理雜訊部分與訊號部分，能夠在維持電腦斷層攝影影像的解析度之下選擇去除雜訊再重建的技術。「深度學習所使用的學習資料是佳能醫療系統以另一種影像重建技術MBIR（model based iterative reconstruction（以模型為基礎的疊代重建」：FIRST）所獲得的高畫質資料。藉此，可以激發出電腦斷層攝影掃描具備最大極限的解析度，同時得到降低高雜訊的效果。」（瀧口）

磁振造影影像也用深度學習來去除雜訊

瀧口表示，「其實磁振造影影像現在也運用深度學習去除雜訊，縮短時間仍能重建同等水準的畫質。目前還在研發階段，接下來準備申請藥機法許可。」由於磁振造影設備拍攝時會發出強大的聲音，為了隔絕聲音，檢查時戴上類似耳機的裝置來遮住耳朵。佳能打造的磁振造影設備有獨家的靜音功能和拍攝技術，拍攝時可達到百分之九十九靜音化，減輕患者的負擔。此外，磁振造影拍攝時間長，如果運用深度學習，縮短拍攝時間，也能減輕患者的負擔。

接下來，佳能醫療系統準備著手研發運用深度學習的影像診斷輔助系統。包括X光影像、磁振造影影像、電腦斷層掃描影像等醫療影像和專科醫師的診斷，一併當作訓練資料來讓系統進行深度學習，並使用醫療影像診斷輔助演算法。

這套醫療影像診斷輔助系統可以從醫療影像擷取特徵量，判斷正常或異常、異常的話可能是哪種疾病等，輔助診斷。這不僅提高診斷的準確率，連帶解決專科醫師人才日漸短缺的問題。

國外案例

Viz.ai、IDx、Imagen Technologies、Arterys 等深度學習在美國醫療第一線陸續商品化

在美國，深度學習在醫療領域的應用已進入實用階段。二〇一八年開始，主管機關美國食品藥物管理局（FDA）針對以深度學習發展的各種醫療影像軟體，陸續核發商品化許可。這些軟體實現了不亞於人工的辨識準確率，順利協助解決醫療第一線的課題，深獲好評。

這些工具的共同目的並非取代人類醫師，主要是用來協助提供優勢，比如加速醫師診斷、代替進行簡單檢查、提升醫師診斷能力等。雖然局限在某些特定對象範疇的病症或某些步驟，只要持續強化功能，加上業者之間彼此競爭切磋，應用範圍將隨著時間穩健擴展。

出現疑似缺血性腦中風的患者立即通知能動手術的醫師

二〇一八年獲得美國食品藥物管理局許可的 Viz.ai 軟體「Contact」，便是具代表性的例子。這個軟體的目標是讓缺血性腦中風患者儘快接受治療。

處置時機的快慢，大幅影響缺血性腦中風的預後症狀和致死率。因此，儘快判斷是否動手術

成為極其重要的關鍵。然而，以一般流程來說，缺血性腦中風患者拍攝腦部電腦斷層掃描後，放射師、放射科醫師、急診醫師等看過電腦斷層攝影影像，才會將結果彙整給負責動手術的主刀醫師。即使病況緊急，仍需花上一番工夫來確定是否開刀。

Viz.ai 的軟體借助深度學習，迅速縮短一連串流程。以使用大量影像來學習的辨識演算法，迅速從電腦斷層攝影影像中檢測出判斷為缺血性腦中風症狀的血管閉塞區域，並即時將結果傳送到智慧型手機，通知可以開刀的醫師。醫師收到以影像得到的演算法分析結果，立刻判斷是否動手術。根據該公司提出的調查結果，相較於由兩名資深神經放射科醫師來判斷，使用軟體能更快通知有缺血性腦中風的跡象。

美國食品藥物管理局將 Viz.ai 的軟體視為以人工智慧協助進行排定治療先後順序的「檢傷分類」新型態產品。批准這項產品的許可後，未來同一類型的產品可望以更簡單的流程取得許可。

以患者視網膜影像為基礎判斷診療必要性

二〇一八年四月獲得認證的 IDx「IDx-DR」軟體，首創協助糖尿病視網膜病變的視覺障礙診斷。現在已經獲得許可，意即即使沒有專業眼科醫師，只要使用這套軟體，就能判斷是否需要接受專科醫師診療。這意味著實際就醫之前，可以先分辨出其實沒有問題的人，僅是這樣便讓眼科醫師的工作更有效率。

這套軟體能因應的只有糖尿病視網膜病變一項，無法適用其他眼睛疾病。即使如此，這項症狀是造成美國三千萬名糖尿病患者視覺受損的最大原因，導致許多正值盛年成人失明的疾病，使用價值仍然非常高。事實上，美國食品藥物管理局將這項產品視為對於重大疾病能提供有效處置的「突破性醫療器材」（Breakthrough Devices）來審查。

這套軟體是以患者視網膜影像為基礎，採取深度學習建立的演算法，判斷是否需要接受專科醫師的診療。即使是判斷無必要的患者，仍建議一年後追蹤檢查。以九百名糖尿病患者為對象實施之後，糖尿病視網膜病變輕度患者百分之八十七點四、非患者為百分之八十九點五，證實能夠進行正確判斷。

相反地，有些情況是醫師使用軟體而提升了診斷品質。二〇一八年五月獲得認證的 Imagen Technologies「Imagen OsteoDetect」，可以從手腕的 X 光影像鎖定骨折的部位。根據該公司對美國食品藥物管理局提出的調查結果顯示，使用這套軟體的醫師判斷骨折部位時能夠做出更加精良的診斷。

Arterys 研發以深度學習為基礎的影像處理軟體，目的是協助醫師作業。二〇一七年一月獲得美國食品藥物管理局認證的「Arterys Cardio DL」，用於處理心臟磁振造影影像；至於以肺部、肝臟電腦斷層攝影影像為對象的「Arterys Oncology AI」，則在二〇一八年二月取得認證。前者可從心臟影像辨識出心室，並以不遜於專家的正確性自動描繪出輪廓。根據《富比士》雜誌報導，這套軟體可在十五秒內執行專科醫師需時三十分鐘到一小時的作業，並且能在事後編輯結果。後者具備的功能可從肺部電腦斷層攝影影像、肝臟的電腦斷層攝影影像和磁振造影影像中，以3D立體方式擷取出肺臟或肝臟可能病變的部位。

英國 DeepMind 也推動各項研究

以圍棋軟體 AlphaGo 舉世聞名的 Google 集團旗下英國公司 DeepMind，公開表示醫療將是該公司主要事業領域之一。DeepMind 與英國國民保健署（National Health Service, NHS）及其旗下多間醫院合作，進行醫療保健方面的人工智慧運用研究。

二〇一八年八月，DeepMind 公布與英國摩爾菲茲眼科醫院（Moorfields Eye Hospital）合作研發的深度學習演算法，可以從視網膜光學斷層掃描儀（optical coherence tomography, OCT）的影像資料檢測出超過五十種眼睛疾病。錯誤率是百分之五點五，比對照組的醫師診斷錯誤率還低。在顯示患者治療優先順序的功能及演算法的判斷依據方面，都花了不少工夫讓醫師更容易掌握。與通過美國食品藥物管理局「突破性醫療器材」認證的 IDx 產品相較，後者的成果更耀眼。不過，這項系統目前仍在研發階段，接下來才要評估是否能實際用於醫療第一線。

該公司研發的軟體還包括已於醫院使用的手機應用程式「Streams」，一旦從患者的檢驗報告中發現疑似急性腎損傷的跡象，就會找到最適任的主治醫師，直接發送警訊通知到醫師的手機，跳過一般在院內傳遞資訊的管道。

根據 DeepMind 的說法，Streams 尚未實際使用深度學習等人工智慧技術。即使如此，導入 Streams 的醫院仍讓護理師每天省下約兩小時的時間，大獲好評。這個軟體讓該公司在醫療第一線穩健紮根。

第四章

[Step 3]

彈性因應現實社會的「機器人」、「自動駕駛」時代

二〇二〇年之前，預料將正式展開深度學習機器人的運用。一九八〇年代即廣為人知的「莫拉維克悖論」（Moravec's paradox）*主張，「要讓電腦實現兒童的行為，比實現成人的行為更困難。」換言之，相較於智力測驗和競賽遊戲，要讓電腦像一歲幼兒那樣運用與生俱來的知覺或活動技巧，將是更加困難的任務。許多研究學者提出類似的看法。

然而，如前所述，現在情況已經不同。深度學習的「眼睛」能夠辨識外界，配合除了影像之外的各項資訊深入理解，讓機器人或設備做出與熟練者同樣的動作。首先是運用在類似工廠的地點，打造出不容易發生意外的工作環境。接下來繼續推廣到人群所在的設施內部的保全機器人、運輸機器人，之後更進一步運用到天氣等條件變化的戶外自動駕駛。

本章首先介紹發那科的案例，看他們如何利用深度學習讓活躍於工廠內的機器人進一步進行高階運作。

Case 26 發那科 FANUC

以深度學習來讓機器人取出散裝零件

「深度學習究竟是什麼？」全球最大的工業用機器人製造商發那科，三年來不斷學習。教師譽為「天才集團」的人工智慧新創企業Preferred Networks（PFN，東京千代田區），反而得向發那科徹底學習機器人的技術。二〇一八年四月，雙方的努力有了結果，推出運用深度學習的機器人專用應用軟體。

「這兩三年來，敝公司與PFN合作，吸收了許多人工智慧的見解和知識，而PFN同樣從敝公司學到機械的見解和知識。對雙方而言，這都是非常寶貴又難得的經驗。」

發那科專務董事執行董事暨研究總括本部長松原俊介說了這番話。他表示，「PFN是天才集團，對實體的機械非常有興趣。他們很清楚，沒有親自走訪第一線無法了解真正的課題。」

*譯注：機器人學家漢斯·莫拉維克（Hans Moravec）等學者所闡釋的一個與常識相左的現象，指出人類獨有的高階智慧能力只需要非常少的計算能力，無意識的技能和直覺卻需要極大的運算能力。「要讓電腦如成人般下棋是相對容易的，但是要讓電腦有如一歲小孩般的感知和行動能力卻是相當困難甚至是不可能的。」

通知零件更換時期，減少不必要的作業

兩間公司合作的成果，是推出運用深度學習實用化的人工智慧應用軟體。其中一項軟體用於發那科的電動射出成型機「ROBOSHOT α-SiA 系列」監測安全的「AI Backflow Monitor」。二〇一八年八月開始接單生產，目前已經導入第一線。

AI Backflow Monitor 可藉由深度學習來評估和預測射出成型機的耗材，亦即逆流防止閥的磨損狀態，在耗材損壞之前發出通知。射出成型機是將塑膠材料（樹脂）溶解後灌入模具，再凝固成型的設備。灌入模具時，防止融化樹脂倒流的零件就是逆流防止閥。逆流防止閥會日漸磨損，讓溶解的樹脂倒流等，導致故障。為了防範未然，AI Backflow Monitor 的功能是主動通知更換逆流防止閥的時期。

以往都是由資深作業員觀察顯示樹脂逆流情況的數據波形（射出成型機內的伺服馬達波形）的變化，來推測逆流防止閥的磨損狀況和更換時期。覺得「差不多是時候了？」，拆開來看看。但如果遇到「其實還好」的狀況，這些拆解後確認的作業等於浪費時間。若能藉由 AI Backflow Monitor 判斷出「確實有危險」的狀態，就能避免不必要的作業。「以目前的情況來說，深度學習的判斷幾乎都算正確。」（松原）

收集大量理想的訓練資料

以深度學習演算法來研發AI Backflow Monitor的預訓練模型時，最重要的是準備大量理想的訓練資料。持續收集從新品到磨損的數據並不容易，這次為了縮短時間，將逆流防止閥分成「正常狀態」、「略微磨損狀態」、「磨損狀態」、「嚴重磨損狀態」等，收集顯示樹脂逆流狀況的數據波形。

從發那科社內工廠數量龐大的射出成型機收集到超過幾百個學習用的資料集，以及數倍的驗證用資料。研究總括本部次長玉井孝幸表示，「射出成型機在極短時間內射出樹脂，很容易在短時間內收集大量顯示樹脂逆流狀況的數據波形。」

玉井說明，「如果從逆流防止閥新品狀態開始收集數據到嚴重磨損狀態，需要很長一段時間。因此，這次使用磨損狀態不同的幾種逆流防止閥來收集訓練資料。」

實現高準確率拾取散裝的零件

用機械手臂拾取散裝的零件，設定其實比想像中麻煩。

發那科和PFN為了實現更高性能的散裝零件拾取技術，研發出以深度學習來決定零件拾取順序的「評分功能」，製作用於發那科工廠開放平台「FIELD system」的應用軟體，並於二〇一

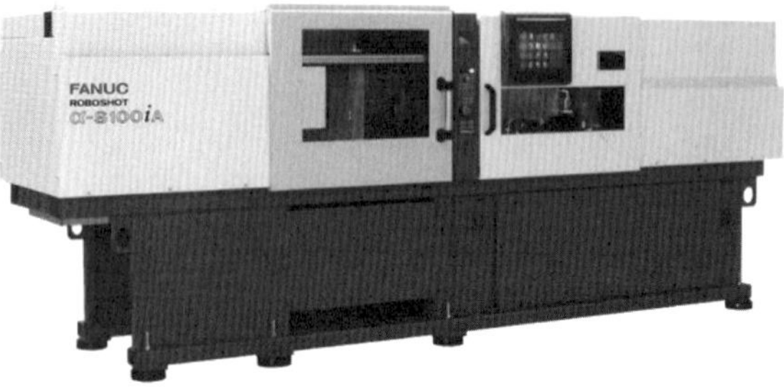

搭載監測安全應用軟體的電動射出成型機「ROBOSHOT α-SiA 系列」

發那科專務董事執行董事暨研究總括本部長松原俊介

八年四月開始出貨。

此外，發那科希望透過 FIELD system，提升運用人工智慧和物聯網的製造業生產力及效率。外部研發者也可以自由開發和銷售應用軟體。讓生產製造第一線的各種機械設備跨越世代或廠商的隔閡而銜接，促進生產設備和資料的統一管理。

透過這套 FIELD system 提供的評分功能，藉由深度學習讓機器人學習自動拾取零件的順序。這不僅可以省下過去每次有新零件進貨都得以人工進行多項參數調整的作業，還能縮短啟動拾取散裝系統的時間，並進一步實現只有熟悉散裝功能的人員才得以達到的高拾取成功率。

藉由為每一種零件建立學習模型，可以提升成功率。雖然因拾取的零件外型或材質而異，但目前的系統已經能達到超過九成的成功率。

即使無法百分之百保證也能產生價值嗎？

然而，搭載評分功能的散裝零件拾取機器人到下一個階段才會導入第一線。常務執行董事機器人軟體開發研究所所長加藤盛剛說明，「生產系統，在這個絕對不容失敗的系統上，該如何納入這項功能，是一大重點。我們一直苦思，這項功能可以在哪一個環節發揮功效。使用深度學習的散裝零件拾取系統無法保證能百分之百成功。在這個前提下，如何使用不會導致生產線中斷，能不能讓客戶滿意付費，該怎麼創造價值，都是我們要花心思解決的課題。」

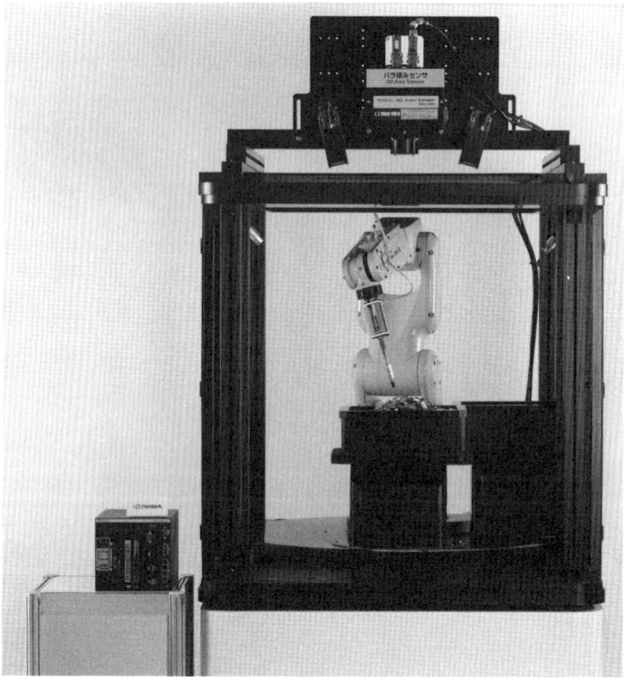

使用深度學習讓機器人自動學習拾取零件的順序

過去散裝零件拾取機器人主要的目標客戶是汽車零件商，設置在零件要投入加工機械的地方使用。然而，「客戶只在乎縮短週期時間（cycle time）或提升自動化效率等，只要獲得良好的效果，其實他們對於運用深度學習這項手法本身並不太重視。」（加藤）

玉井認為，「射出成型機的安全監測如同『氣象預報』，只要有一定程度的準確率就可以了。不過，生產第一線有『生產節拍』（takt time）*的考量。不能影響到生產節拍。從這個角度來看，發現不容易認為『邊做邊學會的人工智慧機器人還真不簡單！』。於是可能用在類似把要安裝的零件排列好，也就是準備階段的離線工程吧。想引進到不容出錯的生產現場，還要多花點心思。」

松原強調，「在解決生產現場課題方面，深度學習只是方法之一。應用軟體的絕對量會增加，但以往的機器學習也有好處。其實人工能判斷的部分交由深度學習等人工智慧以自動化處理，或者人工無法判斷的部分交給人工智慧，重點是因應課題來選擇方法。不是堅持要運用深度學習。」

*譯注：亦稱「客戶需求週期」、「產距時間」，takt 為德文「指揮棒」之意，表示如音樂節拍器般準確的間隔時間；一定時間長度內，總有效生產時間與客戶需求數量的比值，意即客戶需求一件產品的市場必要時間，便是「生產節拍」。原為一九三〇年代德國飛機製造工業所使用的生產管理工具，豐田於一九五〇年代開始廣泛運用這項概念。

Case 27 石田 ISHIDA

老字號企業與新創公司合作，挑戰解開「夾取義大利麵」的難題

一百二十五年歷史的京都老字號企業石田，與二〇一六年創業的人工智慧新創公司DeepX（東京文京區）合作，挑戰日本要解決勞動力不足的難題。這項具有挑戰性的主題或許出人意表：「用機器人夾取義大利麵」。

義大利麵這種麵條和番茄之類容易受損的蔬果，還有洋栖菜這樣細碎的熟食、漢堡等，總之屬於「尺寸大小不一」且「質地柔軟」的食物，想「定量」夾取，對人工智慧和機器人來說其實是很困難的課題。提供便利商店便當的工廠，目前名符其實地以人海戰術來將這些食品裝入便當。食品加工業現階段連機械化都還談不上，仍舊屬於勞力密集的領域。在勞動人口持續減少的日本，接下來將無法保有足夠的勞動力，包括供應超商的便當工廠在內，其他如盛裝和調理必須靠人工來維持的食品加工領域，可能面臨無以為繼的困境。

仰賴人海戰術的工廠所面臨的現實

石田的自動計量填充包裝機「Computer Scale」在日本國內的市占率為百分之八十，全球市占率百分之六十，是足以自豪的優良企業。這個機器能夠組合各種不同大小的食品並統一總量，從青椒到洋芋片，自動包裝。合併營業額（二〇一八年三月期）為一千一百八十六億日圓，目前仍持續成長。

該公司銷售食品計量設備給供應超商的便當工廠，因此早在二十多年前就已體認到第一線面臨的這類課題。幾年前開始，該公司多次挑戰自動化作業，一直不順利。

石田商品企畫部行銷室室長津川透乃在某本雜誌的對談報導中看到松尾豐的訪談，產生興趣，親自造訪東大松尾研究室。松尾正是DeepX代表那須野薰的恩師，身兼DeepX的顧問。

後來，二〇一七年十二月，松尾偕同那須野，以及經營共創基盤公司（東京千代田區）董事總監川上登福，一起來到石田的滋賀工廠。當時那須野首次了解供應超商的便當工廠實際作業。當天晚上，那須野和松尾、川上等人，與石田公司社長石田隆英共進晚餐。眾人聊得非常盡興，之後攜手投入研發運用深度學習的人工智慧演算法，目的是讓機器人自動夾取柔軟且無固定形狀的食材，並在計量後裝入便當容器。

藉由深度學習讓盛裝作業自動化

那麼，義大利麵盛裝作業應該如何自動化？以那須野的解說為基礎，簡單說明。

這個過程是參考人類夾取的方式來研發演算法。首先，人先用眼睛觀察一整堆義大利麵，判斷該從哪裡夾取。於是，將成堆的義大利麵以3D影像辨識來確認，準備好能判斷該從哪裡下手夾取指定分量的人工智慧。

接下來，當人朝著堆積如山的義大利麵下手之後，會根據義大利麵產生的反作用力來調整夾取的方式，再把麵挑起來。同樣地，將「夾爪」（gripper）這種量測感測器和幾根指頭構成的設備，插入堆積如山的義大利麵之後，根據義大利麵的反作用力調整夾爪夾取的方式。為了讓這個步驟機械化、自動化，必須準備另一套人工智慧來調整夾爪。

這兩套人工智慧都不是借助人工，而是由機械自動從資料中擷取出特徵的深度學習模型。將義大利麵盛裝進容器後計量。如果誤差超出容許範圍，從頭開始。最終目標是辨識義大利麵、判斷夾取方法、控制機械手臂的類神經網路，都根據實際計量結果的好壞來學習。反覆進行這一連串的學習，建立人工智慧演算法。

那須野表示，「許多研發者都曾嘗試打入食品加工領域，最後卻不得不放棄，因為真的是很困難的研發挑戰。比方說，盛裝三百公克義大利麵，誤差容許範圍為十五公克以內，兩百公克為十公克以內。換言之，必須有運用深度學習來辨識一根義大利麵麵條的3D影像擷取技術。」

盛裝作業自動化示意圖

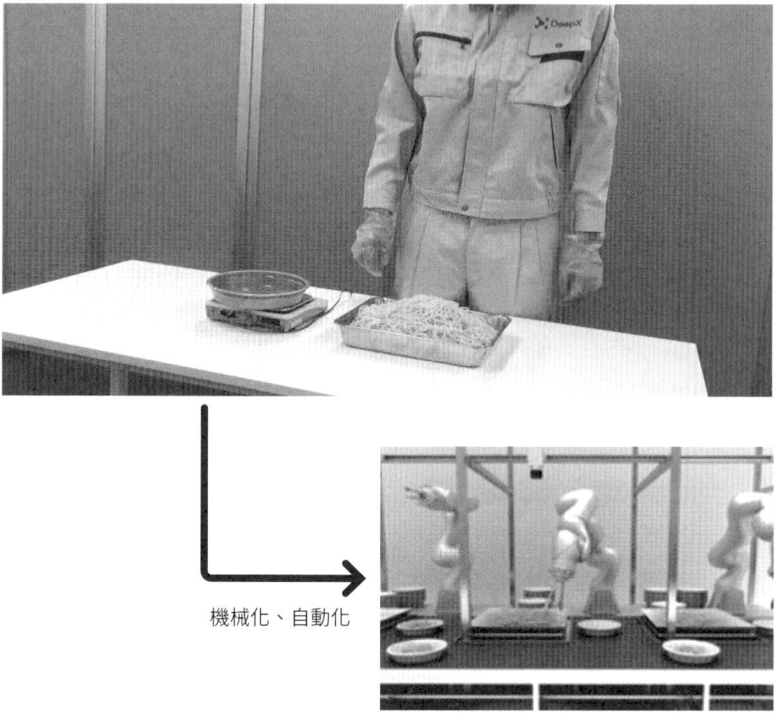

機器人盛裝義大利麵

至於能一邊夾取義大利麵一邊即時測量重量的測重儀器，以及能夠測量反作用力的夾爪等硬體設備，由石田來研發。於是，使用實機進行無固定形狀和軟質物體的定量夾取人工智慧演算法，開始研發。

那須野指出，「測重儀器和夾爪的準確率需要到什麼程度，必須實際測試才知道。」石田第四開發部部長岩佐清作說明現況，「接下來的機械手臂操作加入了『眼睛』這項重要的因素。必須實際測試才知道有哪些課題。看看那須野團隊有什麼樣的報告回饋，我們再因應調整測重儀器和夾爪的設計。」

獲選為優良人工智慧新創研究專案

對那須野來說，在研發經費方面占有優勢。因為他獲得來自國立研究開發法人新能源產業技術綜合開發機構（New Energy and Industrial Technology Development Organization, NEDO）兩年四千五百萬日圓的補助金。

國立研究開發法人新能源產業技術綜合開發機構以落實人工智慧社會為宗旨，針對三大主題，對日本國內人工智慧新創企業徵求研究主題，這三大主題為：(1)生產力；(2)健康、醫療、照護；(3)空間移動。二〇一八年八月，公布了從三十件徵求專案中入選的六件。那須野的「定量夾取（無固定形狀和軟質）食品的人工智慧演算法之研究開發」，獲得生產力組首獎。這表示「用機械手臂夾取義大利麵」是連國家都關注的研究專案。

因此，該公司獲得四千五百萬日圓補助金，目前的規畫是將這筆款項用在人事費和電腦設備費用。這項研發才正起步，那須野期待「希望能在兩三年內完成研發」。

case 28 藤田 FUJITA

實現油壓挖土機自動挖掘作業，輸入資料和人員作業一樣只靠影像

二〇一八年夏季，綜合營建公司藤田藉由運用深度學習的人工智慧，成功實現油壓挖土機自動挖掘作業。預料到未來將面臨營建機械操作人員不足的問題，該公司正研發能自動完成各項作業的技術。人工智慧新創公司DeepX（東京文京區）與經營共創基盤公司（東京千代田區）攜手合作。

營建機械製造商研發了測量自動化的資訊和通信科技營建機械，協助縮短工期和精簡人員。藤田建設本部土木工程中心機械部高級主任顧問川上勝彥表示，作為綜合營建公司的藤田之所以致力研發自動挖掘技術，是「因為希望讓各家廠商的重型機械具有自動化的通用性」。工地現場總有各家廠商的重型機械運作，如果有個機制統一操作，就能降低自動化的成本。

日本能以人工智慧致勝的是營建領域

著手研發之前，藤田曾為了運用人工智慧而特地前往東京大學研究所拜訪松尾豐。因為在

「未來日本能以人工智慧致勝的領域」這個議題上，松尾經常以「營建業」為例。

松尾在討論人工智慧自動化的內容中，對藤田的遠端遙控裝置很有興趣。一九九一年，長崎縣雲仙普賢岳火山大規模爆發，促使積極研發遠端遙控裝置。因為能從遠處看到現場影像，並操作重型機械，在災害現場能派上用場。但結果還是需要操作人員，所以追求更有效率，以及開拓災害現場之外的用途。松尾認為，遠端遙控裝置正是實現自動化最理想的方式，於是二〇一七年六月加入共同研發。松尾研究室的畢業生創立的 DeepX 負責研發工作。

在自動化系統中，人工智慧運用於兩項用途：(1)藉由設置在油壓挖土機駕駛座上的攝影機影像來推測機械手臂上「大臂前端」、「小臂前端」、「挖斗」等三點的關節位置；(2)根據推測的位置，下達操作指令給遠端遙控裝置，進行挖掘。首先，已經成功挖掘直線狀的溝渠，未來可望讓營建機械自行移動，因應各項任務。

在(1)關節位置推測過程中，深度學習運用於推測機體「大臂前端」、「小臂前端」、「挖斗」等處關節在影像上像素點的演算法。影像是從機體側面或駕駛座上方拍攝。研發過程中，準備了五十萬筆由人工標示關節三個點的影像來學習。從駕駛座上方拍攝加上從側面拍攝的影像，總共由二十名計時人員花了好幾個月準備。測定出三處關節的像素點之後，由另一套演算法來推測大臂根部位置，或者根據3D空間座標變換來推測機體狀態，再進一步下達操作指令。

將熟練操作人員的動作數據化

重型機械操作人員用兩根操縱桿就能隨心所欲操作挖土機手臂，進行挖掘作業。例如，右側操縱桿前後推動可以操縱大臂，左右推動可操縱挖斗；左側操縱桿是用來操作小臂。要實現(2)對遠端遙控裝置下達操作指令，必須取得這些操縱桿動作的數據，以深度學習來掌握操縱桿操作與挖土機手臂動作之間的關係。至於訓練資料，請資深操作人員收集一個月期間的操作資料。

自動挖掘作業方面，首先從挖斗前端斗齒垂直向下時的各個關節角度，依據規則庫來判斷可以挖掘多深的洞穴。接下來以(1)掌握機械手臂的位置和姿勢，並根據狀況對(2)遠端遙控裝置下達操作指令，進行挖掘。之後將機械手臂旋轉到側面，倒出挖斗中的土壤，這個步驟同樣靠規則庫來執行。能夠用數字說明的任務都交由規則庫處理，必須倚靠人類感覺的部分則運用深度學習。

DeepX 代表那須野薰表示，「各方面都充滿挑戰啊。」他道出這項計畫的困難之處。在影像辨識上，偵測到人之後不是用矩形框起來就好，即使只差了一個像素點，與實際情況卻有很大的落差。此外，以深度學習來控制重型機械，在業界才剛起步。這和工廠裡的機械不同，沒有穩定的基礎，而且油壓的狀況隨氣溫而異，必須在多變且誤差很大的環境中控制。因此，必須整理出需要克服的任務，一項一項完成。

為了讓各家廠商的重型機械都能使用這項技術，藤田希望感測器方面只靠攝影機就能實現自動挖掘作業，但技術上有難度。那須野認為，「既然人工可以挖掘，應該辦得到吧？」於是他採

使用駕駛座上的攝影機拍攝，從三處標示點（虛線圓圈）來推測位置。接著再使用推測 3D 位置的標示點來變換為 3D 空間座標

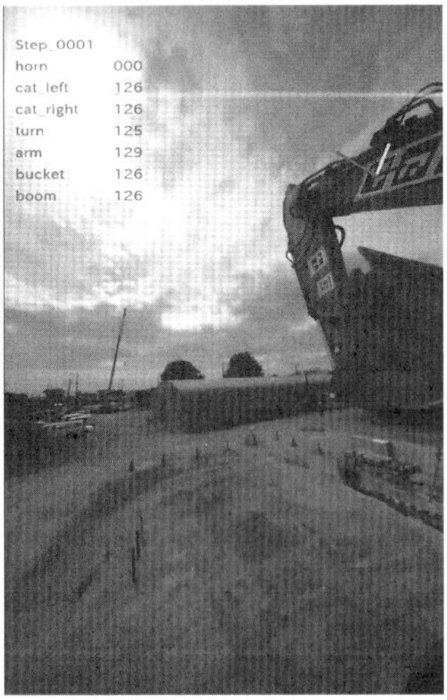

從駕駛座攝影機看到的影像。在右方的 3D 位置推測標示點上顯示 3D 軸

取和以往機械控制專家完全不同的手法，「深度學習有在內部取消輸入數據誤差的功能，靠大略的數據便能完成到一定程度」。

準備資料和建置系統耗時一年

開始研發後，大概花了一年的時間從遠端遙控裝置收集資料，以及建置以人工智慧操作指令運作的系統和收集訓練資料。川上回顧，「光是讓機械動起來就花了一年，二〇一八年開始才面對真正負重的土壤。」

「我們面對的對手（土壤）差異性非常大，必須確實因應才能挖掘。這對機器人的任務來說是艱難的挑戰。只要能克服這一點，便能一舉降低各種任務的自動化門檻。我們也跟DeepX團隊討論，該如何了解土壤硬度，資深操作人員又是如何僅憑目測判斷。」（川上）一開始以監督式學習的方式進行，之後DeepX團隊在模擬器上重現重型機械挖掘土壤時的各項物理要素，進一步強化學習。將學習結果遷移學習到實際模型上，目標是能達到和人工同樣的操作效果。

這是非常具有挑戰性的專案，但藤田執行董事技術中心所長組田良則說明，「這項計畫不只是重型機械的自動化，從宏觀的角度來看，也是為了取得未來各個領域人工智慧運用的專業技能。」他進一步評斷，「為此，公司內部增加了人工智慧技術人員，從這方面來說是個很有意義的案子。」接下來花一、兩年時間進一步研發，找出未來實用化的方向。

深度學習的力量將如何改變營建工地第一線呢？川上期待表示，「就現階段而言，靠人工智慧來完全取代資深人員的工作，其實很難。首先，先讓人工智慧在夜晚進行大方向的作業後，白天再由人工進行細部作業。僅是能做到類似這樣的任務分配就很有意義。如果能做到這個程度，我想人工智慧不會像過去那樣，經歷一段熱潮就結束。」

Case 29 本田技研工業 HONDA

從屬性識別到軌道生成的六項功能都適用人工智慧，朝自動駕駛邁進

本田技研工業為了提供所有駕駛人零事故和自由移動的喜悅，致力於研發運用深度學習等人工智慧技術的自動駕駛系統，目標是建立自用車的第四級自動駕駛技術。該公司對於自動駕駛的理念是「可託付的信任感」與「舒適的乘車感受」。達到這兩項目標後，提供駕駛人發自內心信任，且按捺不住想乘坐外出的自動駕駛車。

本田技術研究所四輪研發中心綜合控制開發室高級研究員杉本洋一表示，「目前的自動駕駛技術是支援汽車工程師學會第二級的階段。二〇二〇年將實現在高速公路上的自動駕駛，到了二〇二五年的目標是建立相當於汽車工程師學會第四級的技術。至於未來的展望，則是實現汽車工程師學會第五級的完全自動駕駛。」

汽車工程師學會第二級是由系統執行駕駛任務中的子任務，如前後、左右兩側車輛控制，亦即部分自動化駕駛。在日本政府的「官民ＩＴＳ構想・藍圖」*中，將汽車工程師學會第三級以

*譯注：ＩＴＳ為intelligent transport system的縮寫，即「智慧型運輸系統」，將先進的資訊科技、通訊技術、傳感技術、控制技術和電腦技術等有效率地整合，建立在大範圍內全方位發揮作用的即時、準確、高效率綜合運輸管理系統。

上稱為「高度自動駕駛系統」，汽車工程師學會第四級和第五級稱為「完全自動駕駛系統」。至於汽車工程師學會的第四級與第五級之間的差異，則看是否在限定範圍內。前者是高度駕駛自動化，後者為完全駕駛自動化。

只靠三架攝影機的資訊來實現自動駕駛

杉本說明，「要實現在一般道路上的自動駕駛，只靠規則庫的控制是辦不到的，必須仰賴深度學習之類的人工智慧技術。」事實上，本田藉由運用深度學習的擷取物體和檢測距離，不論晝夜，在偵測行駛道路範圍、辨識車輛、辨識行人等功能上都有驚人的提升。在沒有畫白線的道路上，即使夜間的偵測準確率也大幅提高。

本田使用研究人工智慧技術專用的車輛，只靠在車輛左側、前方、右側的三架攝影機，就實現了在有紅綠燈的路口左轉、暫停、右轉等自動駕駛。這都是運用深度學習的結果。「等到實際商品化時，會搭配毫米波雷達或光學雷達（LiDAR）之類感測器，希望達到超越人類能力的自動駕駛技術。」（杉本）

此外，運用另一種深度學習的遞迴神經網路，讓人工智慧學習複雜的交通情境，提升風險預測的準確率。例如，前方的自行車要閃避停車的車輛，或者駕駛人從停好的車輛下車時，自行車得更往右側閃避*。希望未來實現的技術能預測到這些行為。

一般道路的自動駕駛技術，先是在主要幹線道路以設定條件的天候下完成。接下來，陸續因應都市街區、各種天候（大雨、霧氣）條件，未來希望即使在商店街或狹窄巷弄也能順利通過。

認知功能與行動計畫功能大幅進化

本田所研發的人工智慧自動駕駛系統，搭載了各式各樣的感測器，包括全球導航衛星系統（global navigation satellite system, GNSS）天線、攝影機、長距離毫米波雷達、中距離毫米波雷達、光學雷達。以這些雷達收集到的數據為基礎，辨識自車位置和外界環境。

辨識外界環境方面，使用的是「感測器融合」（sensor fusion）的手法。這是藉由來自毫米波雷達、攝影機等多項數據整合處理的方式，實現在單一感測器下無法達到的高階辨識功能。除了辨識白線和道路範圍，運用光學雷達還可以辨識三百六十度。若加上運用深度學習之類的人工智慧技術，就能在理解外界環境的基礎上預測風險（預測未來位置）。

本田技術研究所四輪研發中心綜合控制開發室ＡＤ組主任研究員安井裕司表示，「要在複雜的運行條件下實現自動駕駛，必須在理解情境和預測風險的『認知功能』與『行動計畫功能』方面大幅進化才行。」

＊譯注：日本為右駕車，駕駛人從右側下車。

將自動駕駛要求的功能由上到下縱向分割

自動駕駛車輛要求的功能主要可分為三項：「陷入危險狀態之前就迴避」、「不讓其他交通參與者感到危險」、「順暢行駛」。為此，需要理解並預測交通情境。

本田將自動駕駛要求的功能由上到下縱向分割，在認知和行動計畫細分的六項功能上，運用深度學習等人工智慧技術。

認知功能包括三項：(1)「探測有些什麼」辨別屬性，(2)「掌握哪裡有些什麼」掌握關係性，(3)「理解是什麼樣的狀況」理解狀況。在(3)理解狀況方面，針對理解「有人從車輛前方通過」、「有人不看就直接走上車道」等情境，運用深度學習。根據這些理解到的狀況，預測對向車輛與行人的行動，也就是(4)預測風險。在預測風險方面，運用深度學習來預測「對向車輛避開行人變更路線」、「行人穿越自車行駛方向」等。

行動計畫功能包括兩項：(5)「決定車輛如何移動」判斷行動，以及(6)「生成低風險軌道」生成軌道。根據預測位置的資訊、環境資訊等各項資料，判斷車輛該行駛、停止、左右轉、變換車道等行動，並配合訂出最恰當的軌道和車速。訂出針對動力傳動系統、方向盤、煞車的指令值，根據目標軌道來控制。

深度學習會因應狀況採取不同的手法。例如，為了(3)理解狀況「邊看車道方向邊步行」之類的功能，必須辨識行人臉孔方向。為此，本田運用了雙向門控卷積神經網路（gated bi-directional

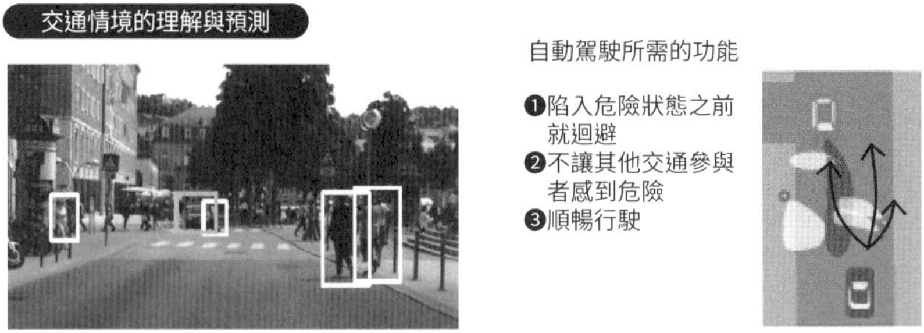

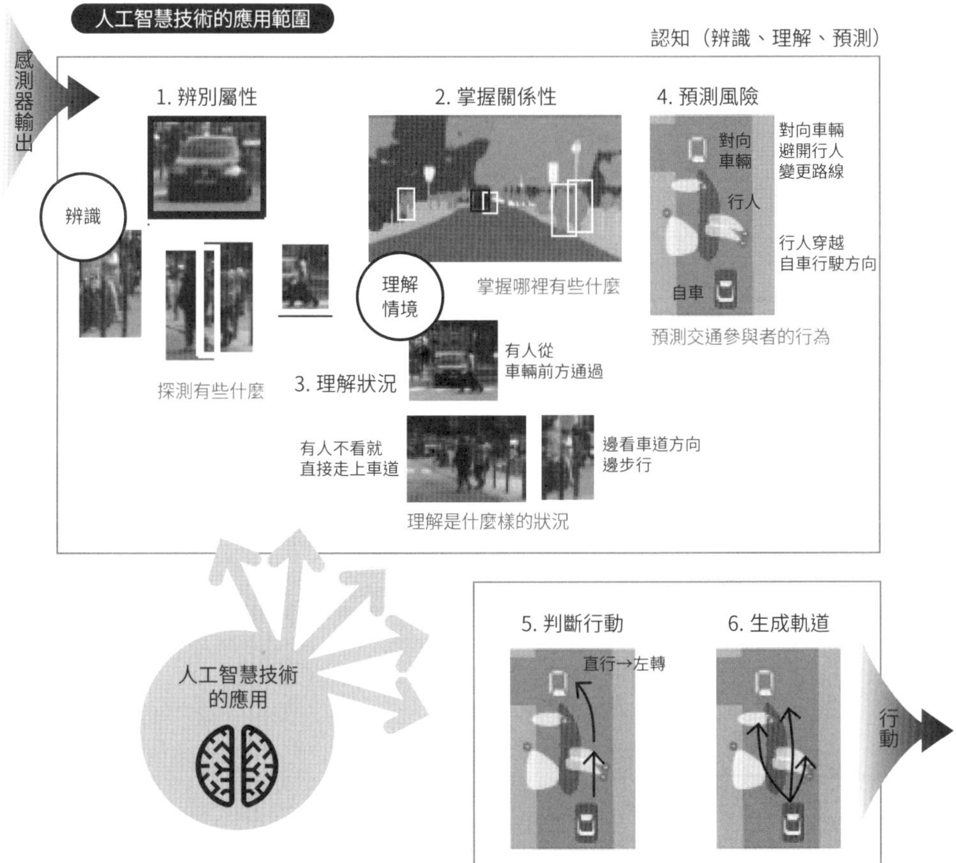

將自動駕駛追求的功能分為「辨別屬性」、「掌握關係性」、「理解狀況」、「預測風險」、「判斷行動」、「生成軌道」六個方面來因應

CNN, GBD-Net）這項深度學習技術。雙向門控卷積神經網路不僅辨識臉部影像，還能一併考量身體的方向和周遭環境，判斷出臉孔的方向，因此提升臉孔方向的判斷準確率。

為了以(1)辨別屬性來辨識行駛路線，搭配運用 Structure CNN 這項深度學習技術和金字塔場景解析網路（pyramid scene parsing network, PSP-Net）兩項手法。金字塔場景解析網路藉由將在縱橫各方向的資料積極擷取出來，可以在很少的特徵量下偵測出「長」或「薄」的結構物。即使不像白線這樣有明顯的特徵，草地與鋪面道路、砂石地與鋪面道路之類沒有明確分界的結構，或身穿偏黑衣物走在陰影下的行人、與周遭色調差異較小的物體，都能以極少的特徵量偵測出來。

國外案例

Robby Technologies、BoxBot、Nuro、Robomart等威脅機器人大國日本的矽谷環保系統

在全球公認日本發展強勢的機器人領域，很多日本以外的公司顯著成長。而且與日本國內擅長的產業型機器人略有不同，其他公司屬於服務機器人的領域。將物品運送到自家的機器人、在店鋪負責接待和管理庫存的機器人、從在農場大展身手的機器人到可以處理狗糞的機器人，各式各樣的機器人商品正在進行研發。這些都因為深度學習而在辨識能力和行動控制上有了大幅進化，從家庭到街道、職場、店鋪等地，開始在過去不容易使用機器人的環境派上用場。

在全球企業錙銖必較的激烈競爭中，最大的強敵是矽谷周邊如雨後春筍般出現的新創企業，以及依附這些企業的生態系。日本企業再不繃緊神經，別說被搶了先機，很可能一眨眼就被遠遠拋在後頭。

用機器人完成宅配最後一哩路

二〇一八年四月，以人工智慧半導體傲視業界的輝達在矽谷當地舉辦「2018 GTC（GPU

解決宅配服務「最後一哩路」問題的美國 Robby Technologies 機器人

Technology Conference）」技術大會，會場上有一台像在小冰箱上裝了輪子的機器人，到處分贈小點心給在場來賓。機器人會自行移動，將東西送到事先在網路上登記的人手裡。研發這套機器人系統的Robby Technologies，目標是將目前只能靠人工完成的宅配「最後一哩路」交給機器人來執行。從網購商品、披薩、生日贈禮等，送到每個家庭的東西都能自動運送至玄關前方。

包括Skype創辦人成立的英國Starship Technologies在內，世界各地企業勾勒著相同的未來藍圖。在矽谷的競爭對手眾多，而且個個大有來頭。舉例來說，二〇一六年特斯拉與優步的資深技術人員成立BoxBot，目標是「挑戰物流的最後一哩路」。目前仍處於檯面下鴨子划水的狀態，不清楚會研發出什麼類型的機器人。同樣在矽谷的Nuro，是由在Google率領研發自動駕駛車的技術人員成立。該公司研發的機器人比Robby的大上一輪，那種快遞機器人在汽車專用車道也能高速移動，可說是載貨專用的小型自動駕駛車。

另外，還有Robomart推動的技術，嘗試將自動駕駛車變成行動超商。這和二〇一八年一月豐田汽車在美國消費電子展（CES 2018）上發表的電動自駕公車「e-Palette」，概念有異曲同工之妙。兩者的差別在於研發速度。豐田計畫在二〇二〇年東京奧運和殘障奧運時展開實測，Robomart則於二〇一八年秋季在矽谷所在的聖塔克拉拉市進行測試服務。測試服務使用的車輛由遠端人員遙控，取代自動駕駛。

在深圳開發原型，於舊金山擬定事業策略

矽谷的強項是各式各樣的創意實際接受檢測評估，只有少數能過關斬將真正發展為事業，必須有優秀的技術和商業模式才能勝出。同時，還有創投豐厚的資金、優秀技術和經營者的人脈等當地才有的絕佳環境作為後盾。

此外，對於培養致力於機器人研發之類創造的新創公司，有完整的架構。例如，美國創投公司ＳＯＳＶ經營管理的加速器計畫「HAX Accelerator」，協助硬體新創公司成長。優勢在於不僅在鄰近矽谷的舊金山設有據點，中國深圳也有據點。獲得協助的硬體新創公司首先在深圳的據點研發硬體原型，研發完成後再移往舊金山接受事業策略支援。

即使是掌握未來機器人研發關鍵的深度學習技術，也少有幾個地點像矽谷這麼有利。首先，適合深度學習的硬體和軟體大本營都在這裡，雖然這些硬體和軟體在世界各地都能使用，但以例行性的支援和人才交流來說，還是有不少就近才有的優勢。

針對深度學習的硬體，前文提到的輝達有絕對的優勢。由於該公司的圖形處理器很適合用於深度學習在學習處理上的高速化，一舉拓展了研發用途。現在該公司不僅擁有很多使用該公司圖形處理器的軟體資產，更投注心力組合迴路提高深度學習的處理速度，使其大幅領先其他公司。

下一個大市場是「自主機器」

輝達認為，深度學習下一個階段的大市場將是機器人等的「自主動作」，開始投入支援這方面的研發。二〇一八年六月，輝達發表了全新研發平台「Isaac」。由設定組成機器人的高功能模型，以及研發軟體用的模擬環境所構成。以深度學習來研發控制機器人軟體的手法，也就是廣受矚目的深度強化學習（deep reinforcement learning），過程中必須讓機器人反覆幾百萬次動作來試誤學習。如果以實體機器人來執行，會導致機械損壞或故障，因此先在模擬環境下研發，直到動作趨於穩定。

在深度學習軟體研發平台方面逐漸掌握霸權的是Google。該公司的TensorFlow在能簡單書寫深度學習處理的各種平台中，吸引最多的研發人員。二〇一八年七月，該公司發表將對外銷售可進行深度學習高速推論預測，並能搭載在各類機器上的半導體晶片「Edge TPU」。明確表達出除了實力堅強的軟體之外，接下來Google的影響力還會延伸至硬體。

矽谷在深度學習的基礎研究方面同樣領先群雄。除了史丹佛大學等名校，非營利研究組織「OpenAI」亦不容忽視。在深度強化學習的研發上，這個研究組織可說是和Google旗下的DeepMind並駕齊驅。在OpenAI擔任深度強化學習顧問的加州大學柏克萊分校教授彼得・阿比爾（Pieter Abbeel），同時是日本頂尖人工智慧創投Preferred Networks（PFN，東京千代田區）的技術顧問，本身也成立了機器人相關創投公司。

日本的機器人業界必須與人才濟濟的矽谷競爭，在尚未失去以產業機器人奠定的優勢之前，對於包括深度學習在內的一切最新技術，都必須展現來者不拒的積極態度。

第五章

拓展至「創作」業務的運用範圍

第二章至第四章介紹的多是依照松尾豐「以深度學習為基礎的人工智慧技術發展」路線圖統整的案例。本章稍微改變方向，整理出目前持續採訪且在創作領域中表現亮眼的案例。在創作第一線，人工智慧不僅能生成新資料，同時協助創意活動，盡情發揮。

case 30 NHK ART

以人工智慧提升黑白影像彩色化的效率，五天的作業一日完成

將過去的黑白影像轉為彩色來欣賞，現在NHK的節目利用深度學習的力量，將原先很耗時的影像彩色化人工作業改為自動化。由於影片畫面格數多，拍攝的內容又五花八門，必須經過一次次試誤學習才能達到設定目標的彩色化。

二〇一八年八月十八日，NHK每年例行的大型音樂節目《懷念的旋律》（思い出のメロディー）迎接播映第五十回。節目介紹半世紀來的歌曲，以及這些歌曲帶給大家的回憶，同時播放一個特別單元，名為「用歌曲串起的時代『彩色版回顧　第一回　懷念的旋律』」。將原本在一九六九年第一回播放的黑白影像，以最新技術轉換成彩色版，再次呈現。美空雲雀、北島三郎等當年演出的歌手，經過五十年，以彩色影像栩栩如生出現在觀眾面前。

這項將黑白影像轉變為彩色的「最新影像技術」，正是運用深度學習的影像處理技術。這項技術由負責NHK節目美術製作的NHK ART，以及專營深度學習顧問和技術研發的Ridge-i（東京千代田區）共同研發。

四十分鐘的彩色化費時約三個月，希望提高效率

ＮＨＫ ＡＲＴ首次處理的黑白影像彩色化作業，是二〇一四年十月播放的ＮＨＫ特別節目《彩色版回顧　東京～不死鳥都市的一百年～》（カラーでよみがえる　東京～不死鳥都市の100年～）。當時採取的方式是請法國的製作公司協助，將黑白影像一格格重新著色。七十三分鐘長的節目，前後花了近兩年時間，ＮＨＫ ＡＲＴ負責後續的修正作業和新增鏡頭的彩色化。以人工重新著色的作業方式，雖然品質令人滿意，終究太曠日廢時。

有沒有更好的方法呢？ＮＨＫ ＡＲＴ針對二〇一五年在ＮＨＫ播放的特別節目《彩色版太平洋戰爭～三年八個月・日本人的紀錄～》（カラーでみる太平洋戰爭～3年8か月・日本人の記録～），實踐了電視台內部彩色化作業。約四十分鐘的影像，內容共有五百零六個鏡頭，七萬八千四百三十二格底片，彩色化作業由二十五人小組花費大約三個月的時間。就當時來說，雖然已經是最佳狀態，仍然花了相當多的時間和成本。

ＮＨＫ ＡＲＴ致力於黑白影像彩色化的綜合美術中心數位設計部ＣＧ影像ＣＧ設計師伊佐早五月表示，「如果能提高彩色化作業的效率，就可以將更多沉睡已久的黑白影片化為彩色，呈現給觀眾。此外，需要彩色化的黑白影像很多是戰火中的悲慘畫面，若能自動化作業，可以減少對作業人員造成的精神負荷。當初有人介紹我以深度學習將靜止影像彩色化的技術，讓我想到或許能應用於動態影片。」

整體而言呈泛黃褐色，是個大問題

伊佐早尋找以人工智慧讓影像彩色化的技術時，透過共同友人介紹找上 Ridge-i。Ridge-i 社長柳原尚史曾發表將經典影片《羅馬假期》使用深度學習彩色化的成果。「上色作業無法靠傳統的規則庫手法來解決。比方說人的皮膚、天空這些每一個像素的灰度值很近似，雖然還必須考量形狀等因素，但以規則來書寫這些非常困難。於是我想到，如果運用深度學習，應該能達到區別上色的效果，經過一次次試誤學習之後，終於完成《羅馬假期》的彩色化。」（柳原）

當時柳原使用一百萬張免費的靜態圖片先轉為黑白，當作輸入影像，用原始的彩色圖片當作訓練影像，以深度學習建立模型。這個階段發現了問題，如皮膚的顏色、天空的顏色，這些重現的效果都不錯，「對於衣服和汽車之類沒有一定正確答案、可以是任何顏色的對象，深度學習的答案很容易出現扣分較少的色彩，也就是上下限的中間值，結果整體看起來多半變成泛黃的褐色調。」（柳原）從負責節目美術製作的ＮＨＫ ＡＲＴ的角度來說，影片中大家都穿著泛黃褐色的衣服，開著泛黃褐色的車輛，這樣的影片根本不能用。

於是，兩間公司決定研發新的演算法。需要什麼，能做到什麼，這些「事前的交涉協調」是共同研發最關鍵的重點。兩間公司異口同聲表示，「這花了將近三個月，是工程中最耗時的部分。」研發方面必要的條件，「有些一定是只有人才知道的資訊，例如跟季節相關的訊息、服裝顏色、車輛顏色等，這些都需要ＮＨＫ方面下達指示。」交涉協調之後做出決定。最後，在少數特定影格的影像上套入專家指定的顏色當作訓練資料，建立了能有效學習並反映指定色彩的演算法。終於實現了將黑白影像依照需求色彩自動著色的彩色化作業。

事先決定好交涉協調的重要事項後，系統的研發非常順利，不到一個月就完成了可進入實用階段的演算法。透過使用新系統，不再像《羅馬假期》這類實驗影像出現泛黃色調的問題，楓葉的影像很自然地呈現紅、黃等多樣化色彩的葉片。伊佐早表示，「我們的目標是希望經過考證，在影片上使用盡量接近事實的顏色。比方說，戰時或戰後的影片中出現的車輛顏色，應該是有些暗沉的金屬色，全變成泛黃的褐色調就不對了。藉由這個人工加工過的訓練影像讓人工智慧來學習的新系統，準確重現指定的顏色，讓自動彩色化運用到第一線。」

從人工作業的五天到用人工智慧一天完成

二〇一七年五月，使用深度學習的自動彩色化成果，首次運用於節目播放。五月二十一日，播放NHK大相撲夏場所時，有一個特別單元「大相撲經典致勝畫面彩色版」，就是將一九四一年本場所的黑白影像彩色化後播放*。「好不容易共同研發的技術，卻始終沒有實際運用的機會。碰巧有人提到想把一九四一年大相撲夏場所的影像彩色化，於是請Ridge-i配合影像製作現場工作流程的方式來協助，終於邁入實用階段。」（伊佐早）

以這次的成果來說，如果像過去靠人工作業的方式，一個鏡頭視內容而定，最少需要兩天，複雜的話得花五天才能完成黑白影像彩色化，現在大概一天即可達成。將黑白影像彩色化這個過程，已經可以短時間、低成本地實現。

在這次大相撲影像的彩色化作業中，獲得許多知識和經驗。柳原表示，「從這次經驗學到有些場景特別適合彩色化。如果是與深度學習性質符合的影像，短時間即可達到令人滿意的彩色化結果。好比說，畫面中有很多人拿著日本紅太陽的國旗揮舞，這樣的影像如果靠人工著色，一項一項作業非常花工夫，而且很麻煩，但使用深度學習，一旦辨識出紅太陽，就能同時全部在白底塗上紅圈圈。如果是深度學習容易辨識的影像，彩色化的作業效率非常好，比人工作業快了幾百倍。」

另一方面，過程中看出棘手的類型。畫面中突然有人冒出來的場景，或者攝影機快速左右掃視的鏡頭，都不太適合使用深度學習來彩色化。此外，如前所述的楓葉，如果鏡頭拉近或左右掃視，這類同一葉片出現顏色變化的狀況，顯示出深度學習的弱點。

在多數影格中，用作訓練資料的影像由專業人士上色的影格數有限，成為另一個課題。考量成本，無法製作太多彩色化資料。柳原表示曾使用各種不同技巧，「我們也投注心力增加資料。

*譯注：日本相撲協會每年舉行六次「本場所」（字面意思是「主要（或真實）的比賽」），分別是一月初場所（東京）、三月春場所（大阪）、五月夏場所（東京）、七月名古屋場所（名古屋）、九月秋場所（東京）和十一月九州場所（福岡），比賽結果攸關力士的晉升和降級。

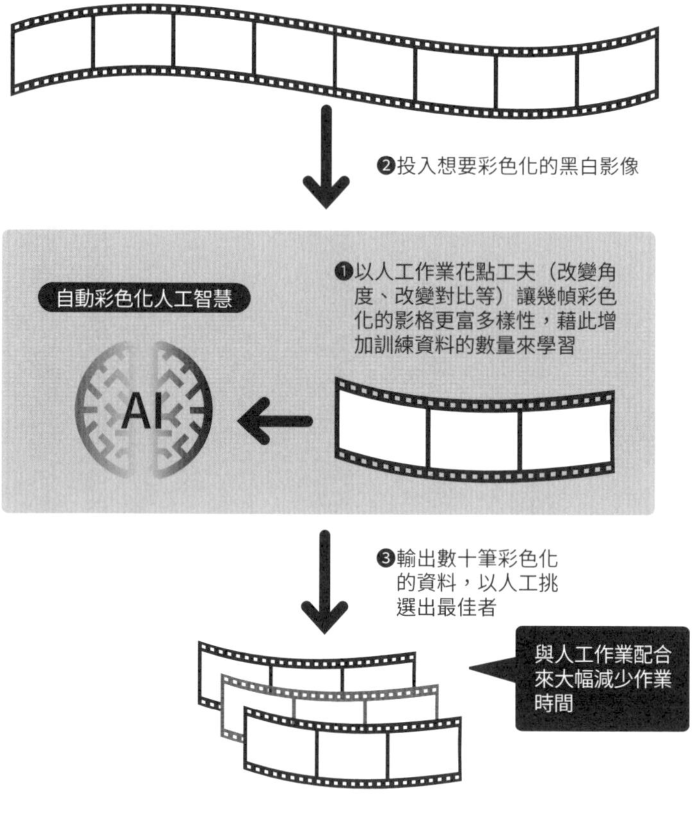
❷投入想要彩色化的黑白影像
自動彩色化人工智慧
❶以人工作業花點工夫（改變角度、改變對比等）讓幾幀彩色化的影格更富多樣性，藉此增加訓練資料的數量來學習
AI
❸輸出數十筆彩色化的資料，以人工挑選出最佳者
與人工作業配合來大幅減少作業時間

NHK ART 與 Ridge-i 研發出自動將黑白影像彩色化的人工智慧

用反轉、稍微轉個角度、改變對比之類灌水虛增的方式來學習，包括原始的手法在內，做了很多嘗試。除此之外，未來在提升準確率的方法上，我們想到結果看來是塗錯的資料，可以當作錯誤案例的訓練資料來學習。」

動態多的場景也能順利上色

首次播放使用人工智慧彩色化的大相撲影像時，伊佐早表示，「聽說觀眾的回響很大。從製作單位的角度來看，人工智慧加入工作流程之後，和以往的流程成果並沒有太大差異，而且準時交件，這就展現了很重要的價值。」接下來，二〇一七年八月二十日，第二回的嘗試是NHK特別節目《戰後零年　東京黑洞》（戦後ゼロ年　東京ブラックホール），將拍攝戰爭剛結束時東京景象的黑白影像以人工智慧彩色化後播放。面對第二次的嘗試，伊佐早回顧，「慢慢了解到不能凡事都想靠人工智慧，人工作業需要努力提升效率。不僅在演算法的因應上，要將作為訓練資料用的彩色化影格適當挑選出影像有變化的部分來學習，過程中也學到其他know-how，例如盡可能使用不太移動攝影機的場景。」

獲得專業技能之後，進一步研發新技術，運用於二〇一八年夏季播出的《懷念的旋律》彩色化影像。「使用上色後的影像當作訓練資料來學習，輸出彩色化之後的影像時，實際上需要由人工來把關，經過很多微調作業的步驟，才能得到更好的成果。這次我們讓微調之後輸出多個結果

的步驟變得更有效率，短時間內一筆資料輸出幾十個微調後的不同結果。這麼一來，可以在短時間內選出最理想的。」（柳原）

對於這項成果，伊佐早給予好評表示，「有了之前將大相撲的黑白影像彩色化的經驗，製作NHK特別節目《戰後零年　東京黑洞》時，更有效彩色化。逐漸掌握到這段影像可以用人工智慧彩色化，這段影像必須放棄，或者這一幕手工上色比較快，可以立刻判斷這些細節。到了《懷念的旋律》時，深刻體會到能在更短時間內達成彩色化。演算法也進化了，與一年前相較，無論動態較多的畫面或鏡頭拉近的場景，都能更順利上色。可以感受到人工智慧的彩色化還有成長空間。」

事實上，說起來NHK將黑白影像經過彩色化之後播放的需求並沒有那麼多。然而，NHK ART在短時間內以低成本達到製作人要求的彩色化影像效果，擁有這項技術隨時因應NHK彩色化的需求，意味著播放的節目效果將更多元，這是很重要的價值。伊佐早表示，「目前我們將人工智慧彩色化實際運用在各類節目中，包括運動類的大相撲、紀錄片NHK特別節目《戰後零年　東京黑洞》，以及綜藝節目《第五十回懷念的旋律》，這是很大的成果。」

NHK ART與Ridge-i共同研發的深度學習影片轉換技術，應用範圍是否能拓展至彩色化以外的領域？「不只彩色化，在影像製作的第一線，應該也能藉由影像辨識的人工智慧來消除影像（以數位處理的方式來消去不想拍到的畫面）之類，有不少作業都可以從人工轉換成人工智慧吧。」（伊佐早）柳原認同這樣的看法，「其實在技術面上有各式各樣的可能性。最大的課題是該如何把這些技術套用在實際的流程或操作上吧。在業務中評估能做到哪些事，又有哪些困難，這些固然重要，不過Ridge-i與ＮＨＫ ＡＲＴ已經開誠布公建立共同研發的良好關係，未來希望朝向更多領域嘗試實用化。」柳原對將人工智慧運用在影像處理上的未來發展深表期待。

Case 31 DataGrid

實現自動生成「偶像臉」，目標是創意人工智慧實用化

位於京都的新創公司 DataGrid 持續研發將創意人的工作交給人工智慧的「創意人工智慧」。該公司提出未來全新的人工智慧運用方式，研發出能「生成」偶像臉孔的人工智慧，作為一項「創意人工智慧」。

提到近年來女性偶像的長相，都是從一大群唱唱跳跳團體之類的印象，浮現「大概是長這樣吧」。於是，藉由深度學習來建立無數種所謂「偶像臉」。來自京都大學的新創企業 DataGrid（京都市左京區）研發的「偶像自動生成ＡＩ」，正提供這類功能。該公司以高解析度、高品質自動生成虛擬的偶像臉孔，在官網上生成多個臉孔版本，並以影片來介紹連續變化的模樣。每一張變化的臉孔看起來確實都具有偶像的五官，但每一張臉各不相同。而這些都不是實際存在的「某個人」，令人感到不可思議。

DataGrid 社長岡田侑貴說明該公司的目標。

「這是二〇一七年在京都大學新創中心（Kyoto University Venture Incubation Center, KU-ViC）成立的公司，目標是研究開發生成繪畫、設計、音樂等有價值的創作內容的創意人工智

「偶像自動生成 AI」打造的虛擬偶像圖像

慧。一直以來，大眾普遍認為設計師、創意人這類繪畫和文案撰寫的工作，是人類工作中不會被電腦取代的最後堡壘。然而，人工智慧技術日新月異，終究還是能做出可以創作的人工智慧。」其中一項實例是偶像生成ＡＩ。

岡田繼續說明，「講到以往的人工智慧，幾乎都用來辨識、預測，很少看到創作的人工智慧。DataGrid希望藉由讓人工智慧做創意人的工作，刺激創意人的想像力，打造一個人類與人工智慧共同創作的社會。公司裡的十一名員工全都具備機器學習的專業背景，在學術上也與大學展開共同研究。另外，商業面上用創意人工智慧的成果，建立起能夠授權企業的商業模式。」

以深度學習來辨識偶像的特徵

二〇一八年六月，該公司宣布研發創意人工智慧的應用軟體「偶像自動生成ＡＩ」。這項作業的概要，是讓運用深度學習的人工智慧以幾萬張偶像大頭照來學習，使人工智慧辨識出偶像的特徵。藉由學習了偶像臉孔特徵的人工智慧，來生成虛擬的偶像臉孔。因為有無限多變化，可以創造出擁有「偶像臉孔特徵」的人臉。

在具體的手法上，使用的是「生成對抗網路」（generative adversarial network, GAN）。生成對抗網路是一種非監督式學習模型，從不給予正確答案的學習資料中，推導出結構和規則，並「生成」影像等成果。其中一個網路是試圖接近從給予的學習資料所獲得的資訊，另一個是判別真偽的網路，藉由兩者在互相對抗之下各自提高準確率，提升要求的影像等生成物的品質，因此以「對抗」為名。

岡田建立使用生成對抗網路的人工智慧模型，成功將偶像臉孔特徵做出頸部以上的高解析度（１０２４×１０２４）影像，但研發過程中面臨意想不到的狀況。「一開始使用偶像臉孔的影像來學習時，雖說看得出是臉部，但生成的大多是輪廓不完整的怪臉孔。其中一個原因是起初的資料量比較少，大概只有五千筆。另一方面，偶像的大頭照形形色色，有些影像中配戴了髮飾，或者比出勝利手勢，還有臉轉向側面的，因此有時頭髮上出現莫名其妙的圖案。最後增加了幾萬筆學習資料，在資料上有絕對的優勢，不過我深深體會到針對資料進行預處理，修正為適合學習的型態，這一點非常重要。」（岡田）

有了資料的預處理，加上自由度高的學習模型最佳化，並且有後處理（posttreatment）的機制，評估生成的影像，只留下好的顯示為成果。費盡心思，終於完成了偶像自動生成ＡＩ。

經過一番努力研發出的偶像自動生成ＡＩ，現階段還沒有明確的用途。岡田說明，不只是目前的「臉孔」，希望能用人工智慧來生成動態的虛擬偶像「全身」。這麼一來，在很多情境下都能以虛擬偶像來替代真人上場。「出現在電視廣告中的人物或電商服飾模特兒，未必一定得是真人。如果能用人工智慧模特兒來替代真人藝人，想降低成本的廣告或電商網站就能使用虛擬人物。」（岡田）即使因為成本而無法採用真人，生成高解析度且幾近真實的人物影像，同樣帶來新的創意。

生成「擬真影像」的技術有什麼用處？

使用生成對抗網路生成新資料的人工智慧，可說是 DataGrid 的核心技術。換言之，DataGrid 的業務不只是偶像自動生成。

另一個接近偶像自動生成的領域是「內容（contents）自動生成」。運用生成對抗網路，以動畫人物或電玩遊戲中使用的地下迷宮（dungeon）作為學習資料建立模型，生成前所未有的「具備動畫人物特徵的影像」或「具備電玩遊戲地下迷宮特徵的圖形」。如果有效運用這類人工智慧，就不必像現在人工作業繪製一個個動畫人物，只要用生成對抗網路一次生成多個人物，然後「挑選」出來。

比方說，使用能生成無數個人物的特徵，在電玩遊戲中針對每個玩家有不同的客製化人物。事實上，經營線上電玩遊戲的 Aeria 便投資了 DataGrid，共同推動以人工智慧生成人物影像的專案。目前除了規畫提供利用這項技術的電玩遊戲，未來還預計發展出讓人工智慧辨識玩家喜好並配合生成遊戲人物。

不只生成影像，還能應用於加工。「把照片變成梵谷名畫」之類廣受歡迎的手機應用程式，很容易建立影像濾鏡功能，根據某些特徵來改變圖像。除此之外，要提高畫質粗劣的影像的解析度，「超解析」（super-resolution）、「降噪」之類影像處理也能有效使用生成對抗網路，目前仍持續研究開發。超解析必須生成原本非以數據存在的畫素資訊，但這種「擬真創作補足」正是

動畫角色也能自動生成無數變化

生成對抗網路最擅長的領域，「成功實現了比以往超解析更漂亮的超解析影像。」（岡田）降噪方面的成果同樣效果顯著，未來可望應用在影像和照片的數位修復作業或博物館。

第三個解決方案是「學習用資料的自動生成」。想在業務上運用人工智慧，想用深度學習打造模型，雖然有這樣的期望，卻礙於收集不到學習用的資料或數量太少，這些情況尋常可見。例如偵測異常的人工智慧，即使有大量正常的影像，通常顯示異常的影像很少。這時可以運用生成對抗網路，生成各種「具備異常特徵的影像」，以這種方式來增加學習用的資料。

「如果能把一百筆資料增加到一萬筆的各種變化，深度學習的準確率大幅提高。工廠內的異常影像、產品管檢查時發現缺失的影像、行車紀錄器拍到汽車前方有人或動物衝出來的影像等，這些希望借助運用人工智慧的異常影像數量都很少。若以生成對抗網路生成的資料來補充，將有助於建立準確率高的人工智慧模型。」（岡田）

藉由 DataGrid 研發的人工智慧，能夠以各種形式「無中生有」。DataGrid 和面對課題的夥伴企業共同運用這些功能。岡田表示，「到頭來，人工智慧單打獨鬥什麼事都做不了，重要的是『人工智慧×未知的 X』。然而，要靠自己來打造 X，工程太浩大。因此，我們希望與已經擁有 X 的其他公司合作，繼續推動創意人工智慧的實用化。」他非常看好創意人工智慧的未來。

Case 32 Spectee

超越亞馬遜 Alexa 的「人工智慧播報員」能流暢說話的原因

二〇一八年八月，亞馬遜發售的智慧音箱「Amazon Echo」播報的新聞，突然變成流利的日語。話雖如此，並非 Amazon Echo 播放的所有新聞都變成日語。Alexa Skill「Hello Edion」的新聞播報服務，提供了人工智慧播報員「荒木結衣」（荒木ゆい）以自然流利的日語播報的新聞。

Hello Edion 是日本全國連鎖家電量販店 Edion（愛電王）提供的產品，對應亞馬遜人工智慧音箱 Alexa 的功能。二〇一七年十一月，Hello Edion 開始上線，配合使用者的喜好、居住地區和出生年月日，提供包括新聞、氣象、本日運勢、今日消息等資訊。其中的新聞由經營人工智慧服務的 Spectee（東京新宿區）研發的人工智慧播報員「荒木結衣」負責播報。

「荒木結衣」是何方神聖？

使用智慧音箱的人，應該至少用過播報新聞的服務吧？如果是播報員在廣播節目中的語音直接播放的服務，從智慧音箱中傳出的就是自然流利的日語。另一方面，一般由人工智慧語音引擎照稿「唸出」新聞的服務，難免顯得不自然。例如專有名詞和數字的唸法，或者斷句聽起來不太對勁。即使沒用過智慧音箱，大概也能想像語音合成（speech synthesis）發音不自然的感覺。

然而，Spectee 研發的人工智慧播報員荒木結衣，打著「播報員」名號，確實能以流利的日語來朗讀新聞稿。Spectee 代表董事村上建治郎以亞馬遜提供的人工智慧朗讀文字服務「Amazon Polly」為例，比較兩者的差異。

「一個是唸法。Polly 唸起來語調平淡，感覺只是像把一個個單字串起來，但荒木結衣朗讀文章時有很自然的抑揚頓挫。這有很大的差別，聽起來流暢自然多了。另一點是各種不同的讀音。舉例來說，東京與大阪的『日本橋』、再有『十分』鐘的時間就『十分』足夠、『辛』苦與『辛』辣等，日文裡很多字寫起來一樣但讀音不同。對 Polly 來說實際上不可能區分這些讀音，但荒木結衣可以從前後的文章脈絡來判斷，選擇正確的讀音。」

以人工智慧實現如此驚人表現的優秀播報員，就是荒木結衣。究竟是怎麼訓練的呢？跟培養人才一樣，令人深感好奇。對於這一點，村上坦言，「運用真實播報員朗讀的語音，配合原稿來進行機器學習。」二〇一七年十一月荒木結衣正式上線之前，已經使用十萬筆發音搭配原稿的資料讓人工智慧學習。這些資料是從電視或網路上將語音轉換成編碼，或是找人直接朗誦原稿，或者找保有原資料的公司直接提供，從多個管道收集。

至於如何以語音合成的語音來發聲，這個部分運用深度學習。舉例來說，這個單字該如何發音、這段文字在哪裡停頓、用什麼樣的節奏來讀等，改善這類發音和說話的方式。

人工智慧播報員「荒木結衣」的人物造型

在機器學習上加入微調讓發音更流利

話說回來，村上認為 Amazon Polly 這類人工智慧朗讀的文字，原本就不是用來朗讀長篇文章。「使用 Polly 或其他人工智慧朗讀，如果多半是像對話之類的短句，聽起來很流暢。然而，用來讀新聞稿之類的長篇文章覺得很生硬。荒木結衣因為透過機器學習新聞的朗讀方式，可以唸得很流利。真實的播報員怎麼朗讀原稿，包括語調和斷句，整體的朗讀方式都一併學習。」

因為鎖定在新聞，讓人工智慧學習的主要是順暢朗讀原稿，而非與人類對話。從成果來說，還會判斷新聞的內容來變通調整讀法，例如「英國」唸作「イギリス」（igirisu）、「五輪」唸作「オリンピック」（orinpikku）。再者，地址「千代田區1-1」的數字唸作「いちのいち」（ichi no ichi，一之一），但「日本對哥倫比亞2-1」的數字則唸成「にたいいち」（ni tai ichi，二比一）。

此外，不是只應用機器學習而已，還要以人工作業進行調整。在發話的語音生成部分，利用外部的資料，由 Spectee 來調整到適合朗讀新聞的語音。舉例來說，調整以秒計算的「休止符」來讓整體聽起來更流暢，以人工來調整單字之間的斷句、語調等。當然，藉由機器學習，可以修正有錯誤的讀法。在地名方面，以既有地名資料庫為基礎，加入資料中因應。

接下來正式上線之後，更是以一天朗讀五百則新聞速報的數量，天天學習。荒木結衣持續修正錯誤的讀音，改善朗讀的語調，每天不斷成長。

實際在 Hello Edion 上聽到播放新聞時，前後聽到 Alexa 的發話仍覺得不太流暢。話說回來，就算是荒木結衣，也不是跟真人播報員一模一樣，仍舊不時有一些不自然的地方，背後仍隱藏著未來持續成長的潛力。

另一方面，即使是很會朗讀新聞的人工智慧播報員，同樣有不擅長的領域。「催生者」村上苦笑說明，「由於是特別針對新聞學習開發，目前在日常對話方面還差一點。很像看著稿子很會導覽觀光，但不善與人對話的人。」儘管如此，這就像每個人有不同的個性，人工智慧播報員也有個人特色。

提供適用 Alexa 的模組拓廣運用

事實上，二〇一六年開始，Spectee 即提供各大媒體機關新聞速報服務「Spectee」。這是由人工智慧從社群網站上收集、分析各類消息，並即時發布的服務，超過一百家電視台和報社使用這項服務。荒木結衣誕生的背景，是在新聞速報服務上再加上朗讀文字的服務。

「其實亞馬遜的 Polly 和 Google 的 Cloud Speech 這些現有的文字轉語音服務，我們都嘗試過，就新聞速報的服務來看，轉成語音之後錯誤很多，根本不堪使用。既然這樣，我們決定不如自己打造一個文字轉語音的平台。」（村上）二〇一七年十一月誕生的荒木結衣，至今除了在日經廣播電台《大人的廣播》（大人のラヂオ）節目單元「大人的科學」中擔任司儀，成為「節目班底」，還經常在許多電視、廣播和活動中擔任來賓。收費方面，每月最低九千八百日圓（未稅）即可使用（下載製作的語音二十次或播放一百次）。

接下來，Spectee 透過 Amazon Echo，研發了用荒木結衣的語音將文字轉語音的模型「人工智慧播報員『荒木結衣』for Alexa Skill Module」。二〇一八年八月，開始針對研發 Alexa Skill 的廠商供應這項軟體。只要在 Alexa Skill 上搭載模組，提供Skill的廠商自然能簡單使用荒木結衣流暢地將文字轉語音的播報能力。村上說明，「很適合用在每天更改內容的新聞、氣象預報，還有產品或服務的Q＆A，可以傳達得更清楚，提升顧客滿意度。」至於費用，目前並未公開，只知道是每個月定額制，不限轉換的數量和時間。

使用這套模組的第一號 Skill，就是一開始介紹的 Edion 的 Hello Edion。這個範例是將荒木結衣能精確傳達日語含意的高階播報能力，相對輕鬆地套用於智慧音箱等嶄新的資訊工具。

case 33 LINE

Clova的「個性化」策略，以約四小時的語音資料來模擬說話方式

智慧音箱被視為繼「智慧型手機之後備受矚目的裝置」，ＬＩＮＥ推出「LINE Clova」系列投入市場，與亞馬遜、Google等世界級企業競爭。為了打造出差異性，ＬＩＮＥ特別投注心力於「個性化」。而如何實現，關鍵在於運用深度學習。

僅是寫下「我是哆啦Ａ夢」，相信很多人腦海中立刻浮現很特殊的語調。不限於哆啦Ａ夢，說話方式其實某種程度上代表一個人，可能成為討人喜歡的因素。

ＬＩＮＥ希望Clova系列不僅是「方便的助理」，更希望這個裝置讓使用者覺得討喜，因此致力推動「個性化」。除了原有的官方吉祥物之外，ＬＩＮＥ還推出搭配哆啦Ａ夢、小小兵等廣受喜愛的動畫人物版本智慧音箱。

將出現以孫子聲音發聲的智慧音箱？

二〇一八年六月，ＬＩＮＥ在公司內部舉辦的活動中，發表了智慧音箱Clova未來的策略。

以董事舛田淳的語音資料打造的「舛田Clova」，當場以流暢的語音合成發表談話，介紹以語音作為「個性化」核心技術的「DNN-TTS」。DNN-TTS是Deep Neural Network Text to Speech（深度神經網路文本轉語音）的縮寫，這種技術是運用深度學習來合成語音，使用低於原先十分之一，也就是約四小時的語音資料，來合成自然的語音。

以往的語音合成是從輸入的文字資料擷取出語言特徵量，然後計算語音特徵量。從幾十小時到幾百小時的錄音資料中，找出與語音特徵量一致的「聲音」，連接起來構成發話。想以這種手法合成自然的發話，需要盡可能多的語音資料。如果想從日常的對話中網羅所有能使用的「聲音」成分，必須有幾十小時到幾百小時的語音資料，當然收錄的分量花費更多時間。換句話說，若啟用配音員或名人之類的代言人，勢必花錢又耗時。

LINE推動研發的DNN-TTS，以四小時左右的短收錄時間來完成語音合成作業。用錄音資料來進行深度學習，捕捉音質和說話方式的特徵，因應輸入的文字就能以該人物的風格來發話。未來還可能配合個別需求，例如以使用者孫子語音發聲的智慧音箱。

然而，「用深度學習來進行語音合成的技術才剛開始，目前還有問題。」（Search & Clova中心Clova開發室VA開發小組立花綱治）因此，配合以往的方法互補，才能達到完成度更高的語音合成效果。至於具體上哪些部分使用深度學習，以及兩者如何配合，並未對外公開，但可以觀察到在不久的未來，深度學習將逐漸成為主流。此外，目前市售的Clova系列使用傳統方式來合成語音，但今後預定在服務和產品上採用DNN-TTS。

「Clova Friends mini（哆啦 A 夢）」©Fujiko-Pro（左）、「Clova Friends mini（小小兵蘿蔔 Bob）」（中）與「Clova Friends（小小兵凱文 Kevin）」（右）TM & ©Universal Studios

這些語音合成技術以母公司韓國 Naver 一直以來推動的研究開發為基礎，目前持續共同研發。在語音合成技術的研發上，最重要的是語音資料，尤其在深度學習出現之後更顯重要。深度學習的演算法本身並不是非常複雜，目前又有各式各樣程式庫和雲端服務，已經逐漸成為通用技術。能夠形成差異的，就是大量的資料。

ＬＩＮＥ掌握配音員和播報員數百小時的語音資料，這些資料對研發ＤＮＮ－ＴＴＳ不可或缺。在這類語音資料的收集上，並不是任何人來說話都行，為了讓每個人聽來都覺得是很自然的對話，必須發音、語調正確，並且在沒有雜音的安靜環境錄音。為此，ＬＩＮＥ研發 Clova 之際先委託配音員和播報員這些「聲音專家」來收錄。以這些投資作為基礎，建立模型，之後再稍微新增學習，就能因應形形色色的人不同說話方式。

case 34　樂天　美國 Rakuten VIKI

實現電視劇字幕自動翻譯作業超越專業人員的品質

二〇一三年，樂天收購美國 Rakuten VIKI，這是一套超越專業譯者的電視劇字幕自動翻譯技術。二〇一七年開始，樂天使用這套自動翻譯技術，主要用於將韓國和中國的電視劇自動製作出七種語言（英文、中文、韓文、西班牙文、法文、葡萄牙文、波蘭文）的字幕。

VIKI提供世界各國的電視節目、電影、音樂錄影帶等多種影片內容，讓用戶能在智慧型手機、電腦、平板電腦和智慧型電視上收看。影片有對應多種語言的字幕。目前南美洲掀起一股韓劇熱潮，十幾歲的女孩像看少女漫畫一樣，盯著上了西班牙文字幕的韓劇。

卓越的自動翻譯背後有高品質的訓練資料

樂天執行董事暨樂天技術研究所代表森正彌說明，「VIKI有著品質極高的句對（sentence pair），因此才能實現超越專業譯者水準的自動翻譯準確率。」

所謂句對，是指一段文字單位配對多筆語言資料。一般來說，句對的品質越好，以深度學習為基礎的機器翻譯準確率越高。由於ＶＩＫＩ在大約每三秒的電視劇影像中就有句對，品質會更好。使用高品質的句對作為訓練資料，讓系統學習深度學習演算法，建立起專門針對字幕的自動翻譯演算法。

為什麼ＶＩＫＩ有這麼多高品質的句對？因為ＶＩＫＩ有影片字幕專用的工具，並由一群義工分擔劇情分段、台詞（節目原始的語言）字幕新增和字幕翻譯等作業。公司根據義工的貢獻程度，給予證書等特別獎勵。藉由提供協助建立資料的工具，以及評估貢獻度的機制，得以收集到大量資料。

森正彌說明，「ＶＩＫＩ擁有非常強大的粉絲群。這個社群無疑貢獻良多。長久以來會主動糾正字幕的錯誤，和我們一起製作字幕。目前對應的語言超過兩百種，長度約三秒的電視劇影像搭配高品質字幕的句對，數量眾多。最初自動翻譯演算法是為了支援人工製作字幕作業而使用，但現在既然超越專業譯者的準確率，字幕製作已經切換為以人工智慧為主的作業。」

順帶一提，目前尚無日文翻譯的版本。森正彌表示，「現在正在研發階段。」

case 35 Unirobot

讓機器人能理解情感，實現高階溝通

「Unibo」是一款能夠對話並以語音操作輸入資訊的小型機器人，由新創公司Unirobot（東京澀谷區）提供的溝通型機種。Unibo目前針對個人和公司行號銷售。在公司行號方面，戶田建設的筑波技術研究所、INTEC Solution Power的櫃臺，以及H. I. S.旅行社（中文名「三賢旅行社」）旗下使用各種先進技術的「怪奇飯店」（変なホテル）櫃臺*，都使用了這款機器人。能夠與人進行高階溝通的Unibo，使用的人工智慧相關技術非常廣泛，從語音辨識、個人辨識，乃至對話內容到興趣、意向的判別，甚至能理解對方的情感。

「這個週末要不要去哪兒呀？」

如果對Unibo這樣說，會得到「去水族館好嗎？」之類回應。若接著問「天氣怎麼樣？」，Unibo會進一步告訴你星期六的氣象預報。Unibo可以像這樣自然「對話」。此外，有相當於臉

*譯注：H. I. S.創立於一九八〇年，自大阪發跡，從銷售其他旅行社的行程朝集團化發展旅遊相關業種；「怪奇飯店」全球首創全館採用機器人服務，除了對應多種語言的櫃臺機器人，還用機械手臂為客人提行李、以臉部辨識系統開門。

部的螢幕，除了展現機器人的表情，還能顯示各式各樣的資訊，發揮影像電話的功能等。雖然不能到處走動，但在產品定位上仍屬於人型機器人。

水族館資訊、星期六的氣象預報等問題，可以詢問Google或亞馬遜的智慧音箱，不過這種溝通要從「Ok Google」或「Alexa」開始，而且多半一問一答之後就結束。Unirobot董事技術長軟體部門部門長前田佐知夫說明兩者的差異，「能夠持續自然對話這一點，是Unibo與智慧音箱最大的差別。智慧音箱可以由語音來操作各項功能，可說是『方便又奢華的遙控器』，但Unibo不是讓人下達指令，而是能與人對話的溝通型機器人。」

前田介紹了Unibo可以做到的事。「Unibo有兩個主軸，一個是一般所說智慧音箱的功能，另一個則是溝通型機器人的功能。智慧音箱的功能，例如詢問氣象預報、播放音樂，使用內建的紅外線遙控功能來操作家電等之類單體就能做到的功能。另一方面，作為溝通型機器人，Unibo可使用攝影機、麥克風等感測器來辨識使用者個人，從操作或對話內容來判斷對方的興趣、意向，理解對方的情感。藉由鎖定個人，來管理每個人的行程，並且針對問題回應適當的答案。這就是Unibo提供的功能。」

適才適所運用深度學習等人工智慧技術

想實現如此多樣化的「溝通」，必須有許多功能分工合作才能達成。Unibo主要有三項功能

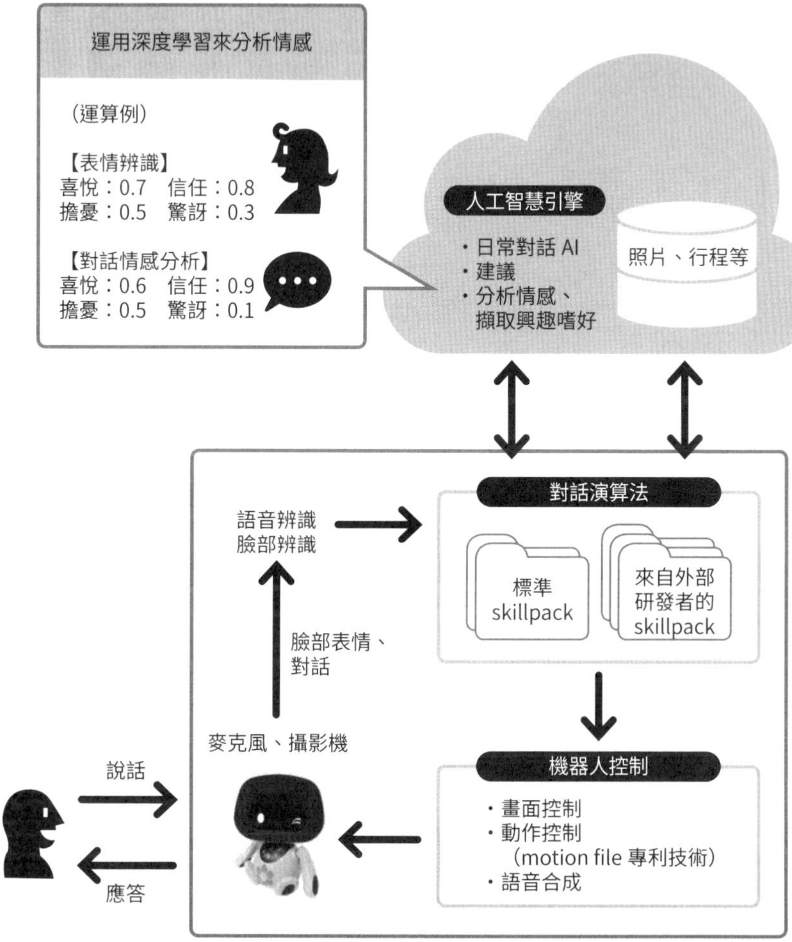

出處：擷取部分 Unirobot 製作的圖表，由日經 xTREND 製圖

Unibo 運用深度學習來分析使用者的情感

合作，才得以提供通用且具擴充性的服務和解決方案。

第一個是「指揮引擎」（conductor engine）。Unibo 與人類溝通時，接收來自攝影機、麥克風等與 Unibo 連結的外部裝置等多種感測器的輸入。要使用這些資訊來認知，該將哪些資料套用到什麼樣的演算法上，由指揮引擎來控制。由於 Unibo 不像智慧音箱只有「語音」的輸入，必須有個整理各類資訊的總指揮。

第二個是在「Unirobot 雲端」上啟動鎖定個人的人工智慧引擎，準備好儲存個人資料的資料庫。人工智慧引擎並不是由一個巨大引擎構成，而是由該公司自行研發的多個人工智慧引擎，分成擷取個人興趣和意向、自然語言處理、情感分析、從對話呼叫功能等。此外，為了達到對話和應答，還要準備日常對話人工智慧。第三個名為「Skill Creator」，是植基於瀏覽器的軟體開發套件（software development kit, SDK），提供作為開發環境。「開發出可以用電腦或平板電腦輕鬆操作 Unibo 的程式，簡單一點的連小學生都辦得到。」（前田）

Unirobot 雲端的人工智慧引擎中，在認知方面分析重要情感的人工智慧，是 Unibo 高階溝通功能不可或缺的一部分。

前田說明，「喜悅、悲傷之類的情感，不能用0和1來區分這麼簡單。我們運用將八種基本情緒及其組合的應用情緒整理出來的『普拉奇克情緒輪盤』（Plutchik's wheel of emotions）*，讓人工智慧能夠分析複雜的人類情感。因此，不是只有『謝謝』這兩個字的語音文字排列，而是藉由聲調和攝影機捕捉當下的表情，組合之後分析情感。辨識語音的引擎、由音色來分析情感的引擎、透過攝影機辨識表情的引擎等，搭配其他公司的人工智慧引擎功能，來推測情緒值。」Unibo藉由分析情感來達到更精確的溝通效果。

也分析和運用個性等性格

理解對話內容、分析情感的Unibo，針對發問以輸出語音作為回應。Unibo連結對話對象的個人資料，針對每個對象來回應。鎖定對象，從資料庫裡登錄的興趣、意向等資料，尋找可能的回答。

個人資料中最具特徵的就是「個性」的資料。「個性是正確回答的一項重要指標。比方說，獲得『喜悅0.8』的情緒值時，這個人的個性是內向或外向，在意義上有很大的差別。對外向的人來說，喜悅值0.8或許是很平常的反應，但內向的人表現出0.8的喜悅是感受到莫大的愉悅。藉由取得作為個人資料中的個性，就能針對該對象做出適當的應答。」（前田）

顯示情緒值和個性的資訊，以及從對話中獲得的興趣、意向等資料，一切都以紀錄檔的形式記錄下來。Unirobot用這些資料讓人工智慧學習，擷取出可以運用在行銷上的資訊。因此，當某

＊譯注：美國心理學家羅伯特・普拉奇克（Robert Plutchik）提出情緒輪盤的概念，以醒目的方式呈現不同情緒形式、強度及其相對關係，包括八種主要的成對兩極情緒：喜悅與悲傷、憤怒與恐懼、信任與厭惡、驚訝與期待。

個人說這些話時決定外食的機率、詢問保險的機率等，能夠推測對話與情感表現之後的這些行為。在這些資訊可運用為行銷資料的情況下，可考慮與夥伴企業合作。

另一方面，Unirobot 深刻體會到即使運用人工智慧，未必所有作業都能以特定方式順利運作。Unibo 重要功能之一是從對話的文字來分析情感，其他方法行不通之後，轉而嘗試運用深度學習。「我們採用深度學習基礎類神經網路的一項手法『卷積神經網路』，卻沒什麼實際效果。於是，換了另一種『遞迴神經網路』的手法，仍然無法生成正常對話。後來因為引進能夠學習長期時間序列資料的長短期記憶，情感分析的學習才變得更加順暢。」（前田）過程中實際體會到即使是一個引擎，也各有適合的手法。

這套情感模型當初是以大約五千筆對話文字作為訓練資料來學習。後來樣本增加，以現況來說，針對一個應答使用三萬筆至四萬筆對話作為訓練資料。對話資料是由公司內部製作，並且加上標籤。

接下來，嘗試以深度學習來建立進行對話「回答」的引擎，但目前仍無法達到理想的應答。「現階段會先製作腳本，再採用回答方法，否則無法完成對話。即使如此，因為能取得與 Unibo 對話的語音資料，仍然能使用深度學習來再次學習。等到資料累積多一點之後，我們想再次挑戰。」（前田）

未來的計畫是持續由自家公司研發，運用深度學習從 Unibo 的對話加上情感標籤，或者從語音和表情中分析情感。

另一方面，在語音辨識上則是清楚區隔，購買外部的引擎來運用。前田明確指出該公司對於技術研發的態度，「我們正評估將 Unibo 打入全球市場，打造出只有日語很厲害的引擎沒什麼意義，因此選擇運用其他公司可以因應多種語言的引擎。與其堅持使用自家研發的引擎，不如思考什麼樣的合作方式能讓 Unibo 達成想要的服務。」

第六章

理解商業運用關鍵的六大疑問

第二章至第五章說明了運用人工智慧的各種案例，但即使是自家公司來評估運用，仍然出現很多疑問。適用在哪些領域？該不該自行研發獨家模型？需要哪些資料？該如何在人才和研發上投資等。本章邀請 IGPI Business Analytics & Intelligence（東京千代田區）、伊藤忠技術解決方案株式會社（ITOCHU Techno-Solutions Corporation, CTC）、connectome.design（東京千代田區）、SENSY（東京澀谷區）、tiwaki（滋賀縣草津市）、HEROZ、Future 等專精人工智慧領域的顧問公司，以及隸屬於系統整合商 SIer（System Integrator）和新創公司等的專業人士，回答運用人工智慧時經常出現的幾大疑問。

Q1 應該積極評估運用人工智慧的商務課題是哪些？另外還有哪些具挑戰性的領域？

首先，運用人工智慧的目的大致分為兩種。協助企業團體擬定經營策略和制訂新事業暨服務計畫的 Future 執行董事、Strategic AI Group 主任中元淳解釋，「人工智慧帶來的經營效果是『提升產品和服務的附加價值』及『操作效率化和業務流程最佳化』。」其中，中元主張，「特別是講究『獲利能力』的日本企業，更應該積極評估將人工智慧運用在『提升產品和服務的附加價值』。」該公司組成了人工智慧專業組織 Strategic AI Group，大約有五十人運作。

Google Cloud Japan 機器學習專業小組的大藪勇輝看法相同，他將目的分為兩類。「以提升既有商務效率和創造附加價值為目標，在必要的地方運用人工智慧。」

從業務效率化推動使用

不限深度學習而是以整個人工智慧觀點來看，在既有的資訊科技化上加以延伸很容易發想，而且先行發展將能更普遍運用的，是在效率化方面。伊藤忠技術解決方案株式會社ＡＩ業務推進部ＡＩ技術開發課課長暨執行工程師寺澤豐說明，「其實在各種業務和業種都可以運用。比如公司人事部門徵人時，可以判斷應徵資料是否為複製網路範本製成。如果是製造業的生產部門，物聯網已經普遍發展，機器生成的資料可信度比較高，容易收集分析到清楚明瞭的資料。」伊藤忠技術解決方案株式會社成立了ＡＩ業務推進部，站在中立的系統整合業者立場來協助企業運用人工智慧。二〇一七年十二月，ＡＩ業務推進聯盟成立，作為理事企業之一的伊藤忠技術解決方案株式會社，持續推動培養人工智慧相關人才和建立智慧財產規則。

寺澤表示，「最容易取代的是單純的作業。」檢查產品是否受損、檢查標籤是否貼歪了，以及文章校對等，「默默不語、持續進行的單一作業，很容易以人工智慧取代」。

另一方面，「不單是當下的獲利，還要考量未來的商業結構會怎麼變化，如何因應改變商業模式和獲利模式。秉持這樣的觀點很重要。比方說，假設專營重型機械的小松製作所的業務從銷售營建機械，轉型為運用深度學習打造出無人操作的營建機械，並以廢土等載運量來收費。」IGPI Business Analytics & Intelligence代表董事ＣＥＯ川上登福舉出這個例子，主張深度學習的適用範圍很廣，而且應該仔細評估提升附加價值。ＩＧＰＩ作為經營共創基盤公司的子公司，致力於協助運用人工智慧來打造和改革新業務，以及研發人工智慧的新產品和服務。川上本身同時是日本深度學習協會的理事。

川上強調，「人工智慧不是目的。重點是知道想達成的目標。」這是多數專業人士的共識。

不以人工智慧為前提

許多公司的中長期經營計畫提出要運用人工智慧，但一開始就設定以「使用人工智慧」為目的，很多時候失敗告終，因為「最應該重視的是業務影響」（伊藤忠技術解決方案株式會社的寺澤）。ＩＧＰＩ的川上說明，「應該將『人工智慧』運用在『產品和服務』的哪些地方，怎麼花心思來『獲利』，以效果加成的方式來考量才是重點。」

Future的中元表示，「我們身為顧問公司，一開始先讓客戶了解『能用人工智慧做什麼』，然後從該公司的課題之中擷取出或許能靠人工智慧來解決的範圍。接下來才設定『出口』（藉由解決課題可獲得的商業效果）。最重要的是讓顧客了解，『業務上是否真的需要人工智慧？運用人工智慧是否能達到商業效果？』。」

BrainPad分析服務本部副部長暨ＡＩ開發部長太田滿久指出，一開始應該考量的是，「想達成的任務是否真的非得靠人工智慧才能辦到？」太田建議，「如果能用現有技術解決，沒必要勉強運用人工智慧。」BrainPad在人工智慧領域主要提供需求預測、預測機械故障、經營資源分配最佳化、提升業務活動效率等服務。目前公司有超過八十位資料科學家，並提供超過八百間公司關於資料科學業務的協助。

參考先行案例是否恰當？

那麼，如果已經確認這些前提條件，接下來該如何評估怎麼運用呢？

Google Cloud Japan 的大藪建議，「一般企業開拓新的人工智慧運用領域比較困難，可以在已有先行案例的領域奮鬥。」首先，有立刻能使用的服務嗎？Google 在 Google Cloud 的服務，有包括影像辨識、語音辨識、機器翻譯等已經過訓練的機器學習模型，也就是可以立刻使用的「機器學習應用程式介面」服務，以及準備訓練資料便能簡單建立獨創模型的「Cloud AutoML」等。大藪表示，「其他公司也推出了機器學習應用程式介面，配合自己所需用途來選擇就行。」

接下來是朝與其他公司類似的領域著手嗎？大藪指出，「就運用人工智慧的案例來說，工廠生產線的異常偵測、建物龜裂偵測之類與影像相關的案例似乎比較多。此外，客服中心自動化之類語音相關的實例逐漸增加。」為什麼影像相關案例比較多？Google Cloud Japan Google Cloud 資料分析技術專員下田倫大說明，「機器學習需要資料，因此先從資料豐富的範圍推動運用。」

例如，時常耳聞為了確認設備保養維修情況或店鋪的格局陳設，業務負責人到現場拍攝影像回傳總部，在總部一併管理。若是這種情況，可以想想是否能運用業務中收集到的影像資料，藉由影像分析人工智慧讓作業自動化。同樣地，語音資料有容易收集的領域，比方經常有人評估是否能在客服中心運用。當然，這種情況常累積大量的語音資料，容易評估。

其他公司的成功不保證自家公司也會成功

另一方面，「只靠用戶端來決定想以人工智慧解決的課題很危險。因為經常有人想得很簡單，『其他公司成功的政策，可以在自家公司比照辦理』。但多半失敗收場。」人工智慧運用顧問公司 connectome.design 社長佐藤聰提出警告。佐藤也是日本深度學習協會的理事。

即使是相同的政策，人工智慧學習的程度不同，最後得到的結果不盡相同。過去資料的累積量、類別、是否經過「標籤化」（為資料加上標籤，或稱標註），還有讓人工智慧讀取的「是否為適當的資料？」、「量有多少？」、「什麼樣的形式？」，這些很大程度影響準確率。然而，能了解這些情況的企業目前仍屬少數。

「例如，Google 改用人工智慧來運作資料中心後，成功削減了百分之三十的電力。不過，無論從人才、資金、資料各個觀點來看，他們都擁有一般企業無法比擬的巨大資源。千萬別認為所有人都能做到相同的事。」佐藤的說明深具說服力。

佐藤表示，如果運用的是只有自家才有的資料，這樣的領域才該積極研發模型。佐藤以本身協助經驗豐富的製造業深度學習運用的案例來說明，例如在生產第一線製造設備的生產資料、產品加工流程資料等。此外，如果能和溫度、溼度這些外部環境數據組合分析，可以收集到很細部的製造資料。這類資料累積到一定的量，未來可當作改善製程的參考依據。

不過，這裡出現一大阻礙：「製造設備的生產資料究竟是誰的？」。

近年來，有些製造設備供應商在機器內安裝偵測器，收集、分析設備生產時的資料，藉由事先掌握各項徵兆，提供避免因為故障或失誤導致停機的服務。然而，這類服務目前還不算普及。佐藤說明，「技術面其實不難，但使用製造設備的客戶不喜歡讓這些設備生產的資料外流。」因此，就現況來說，很多製造設備的供應商並未收集機械運作狀況的資料，也沒有分析資料來提升產品品質，進而改善生產環境。

「對於使用製造設備的客戶而言，還是很排斥讓設備供應商來收集自家機械的生產資料吧。一旦機械設備改善，以整體結果而言，也提升了其他競爭對手的生產效率。不過，從長遠提升製造業整體水準來看，共享基本生產資料是有好處的。如果在這個前提下配合自家公司其他資料，想必可以進一步開創新的商機。」佐藤建議應該改變方針。

人工智慧擅長找出規則性和順序

人工智慧新創企業關注人工智慧技術上的特性，並說明應該積極運用人工智慧的領域和目前尚有困難的地方。

HEROZ開發部長井口圭一說明，「（包含深度學習以外）人工智慧擅長兩種類型。一種是『從規則不明的龐大資料（數值、影像、語言、語音等不拘）中找出一套規則（分類、數值）』；另外一種則是相反，『雖然了解規則，卻不知道如何依循規則達到目的時，找出最理想的順序』。」

HEROZ以研發運用人工智慧的圍棋和將棋應用程式聞名，產品包括「圍棋大戰」（囲碁ウォーズ）、「將棋大戰」（将棋ウォーズ）。目前更使用以將棋人工智慧鍛鍊出的機器學習技術，研發獨家人工智慧「HEROZ Kishin」，供應到各個產業。

從影像中找出「人」或「汽車」的問題，屬於前者。雖然影像中的「人」的定義沒有明確規則，但準備大量資料，能夠建立以高準確率找出「人」的人工智慧。換句話說，就是影像辨識人工智慧。

旅行推銷員問題（travelling salesman problem，亦稱「行商問題」，在多個城市之間尋求一筆畫最短路徑的問題）則屬於後者。規則很單純，但找出最短路徑並不容易。人工智慧可以很有效嘗試多個選項，然後找出最接近理想的答案。

將棋是這兩者的組合。首先，「從職業棋士的棋譜，根據三駒關係*找出選擇盤面的規則性」；接下來，「在規則已定的情況下，雖然知道能下的棋步，但致勝的步驟還不明確，要從中找出致勝的順序」。藉由結合這兩者，完成最強的將棋人工智慧。

另一方面，井口解釋，「目前的人工智慧在建立理論解決問題方面，能力尚弱，因此很難說明某些現象的成因。」

*譯注：包含一個或多個王的三棋駒（棋子）位置關係。

connectome.design的佐藤舉出目前還不應該評估導入人工智慧的領域，「比如需要說明的專案。」要以人工智慧來解釋「為什麼推導出這樣的結果」，在技術上有困難，原因是「人工智慧黑箱化」。人工智慧的準確率越高，演算法越複雜，結果導致無法解說「是基於什麼標準，用什麼樣的演算法來推導出答案」。佐藤說明，「只要這個課題無法解決，就不該用於注重說明性的專案。」另一方面，ＩＧＰＩ的川上指出，雖然需要說明的專案導入人工智慧有困難，「但有時候只是研發方這麼想。事實上該怎麼說明這項服務、要說明得多仔細、顧客真正需要的是什麼、該怎麼妥善使用……這些細節都必須花工夫好好思考。」

看來費工耗時的作業就靠人工智慧

ＳＥＮＳＹ代表董事ＣＥＯ渡邊祐樹與董事ＣＲＯ（研發長）岡本卓指出，「要妥善運用人工智慧，必須由人力（充分解構之後）給予資料和設定的問題。」

ＳＥＮＳＹ運用深度學習技術，研發了學習「感性」的個人人工智慧「ＳＥＮＳＹ」。該公司與包括三越伊勢丹控股公司、ＴＳＩ控股公司、三菱食品等超過三十家大型零售商、通路企業，共同推動這個專案，運用人工智慧來了解顧客在感性方面的需求。

岡本說明，「現在的人工智慧技術，跟和人類一樣有『知性』，也就是通用人工智慧（artificial general intelligence）不同，而是使用機器學習和最佳化技術，將原本人工處理的資訊以電腦（大規模）計算來取代的手法，目的是『學習』人力從資料中獲得的資訊處理規則之後，藉由計算找出最理想的解答。」

在這個前提下，應該積極評估運用人工智慧的商業課題是，「分析人力可獲得（不限自家公司，包括外部資料）的資料，並且只要能花費無限時間就可解決的事。」（渡邊）

反之，對於目前的人工智慧，仍具挑戰性的商業課題，是即使花費無限人力時間也無法解決的事情。

「比方說，『希望讓人工智慧來達成完美的公司經營』這個專案，不僅需要從獲得的資料進行資料處理，還要考量各種因素做出人為的決定，甚至有時靈感很重要。」（渡邊）對目前的人工智慧來說，這是不可能的任務。「或許在不久的將來，通用人工智慧能夠實現，但此刻仍隨處可見過度寄望人工智慧技術的『強人所難』。」（渡邊）

人工智慧能做的是自動化和模式化

tiwaki 代表董事阮翔說明，「人工智慧的商業課題其實跟二十年前的資訊科技熱潮很類似。總之，自動化和模式化這兩件事，跟資訊科技的差別在於程度不同。」

tiwaki 成立於二〇一六年，由在歐姆龍累積超過二十年影像辨識研發經驗的阮翔，號召一群影像辨識、機器學習領域的工程師創立。創業兩年多來，已經和許多大企業共同研發，完成多項概念驗證研發，並以自動駕駛、無人機、監視攝影機等研發新技術。

首先，在自動化方面，「資訊科技的自動化是將規則庫的流程自動化；另一方面，人工智慧的自動化是就語義上理解內容之後，將流程自動化。」（阮翔）

阮翔以生產線自動操作的例子來說明。例如，在某生產線上有個自動區分生產零件的機器人。資訊科技的自動化是依循一連串的規則，由機器自動執行。仔細排列零件，依照既定的速度輸送到生產線上。機器人在訂好的時間做出固定的動作。全自動的全套工程在高精準訂定位置的前提下，生產線上的零件可以區分得很好，不發生問題。不過，只要稍微偏離設定的前提，系統就會出差錯。

人工智慧的自動化不一樣。人工智慧是遵照語義上的指令自主運作。比方說，人工智慧自動化的步驟會定義成「螺栓往左移動」、「螺帽往右移動」、「其他零件不用管」。就像人一樣，理解意思之後進行作業。

至於模式化，阮翔說明，「資訊科技能應對的模式都是可用語言來定義的模式。人工智慧則是從大量資料自動擷取出用人類語言無法定義的模式。」

同樣舉例說明。比方說，想打造一套能預測公司經營狀況的程式，如果是傳統的資訊科技，事先明確定義出接下來經營狀況改善的模式。「最近半季的營業額逐步增加」、「匯率穩定」、「新產品剛上市之後」等，定義出有這些因素則經營就會改善的模式。程式組合這些因素，預測經營狀況變好還是變壞。然而，實際上為了保有彈性，即使定義了大量模式，想預測還是很困難，因為世界上有數不清的例外狀況。

換成人工智慧，會從過去跟經營有關的大量資料中自動擷取出抽象的模式，使用這套模式來預測經營狀況。從某個角度來看，這就像黑箱作業，究竟是哪一種模式能讓經營狀況變好，只有機器才了解，無法以人類語言來表達的模式。正如connectome.design的佐藤所指出的，「不該用於注重說明性的專案。」

談到目前對人工智慧仍具挑戰性的課題，阮翔表示，「我個人認為最具挑戰性的是自主性需要『問題定義』的應用軟體。」例如，自動駕駛的車輛要辨識周圍環境才能行駛。自動辨識行人、車輛、店家招牌、交通標誌後，根據辨識的結果付諸適當的行動。因此，只要事先輸入「不可以碰撞行人和其他車輛」、「遇到紅燈要停下來」之類的行動基準，就能自主因應。

然而，「下雨了。車輛旁邊有人。車速太快會把雨水濺到行人身上。要留意積水的地方，必須放慢速度」之類這麼細節的問題定義，能事先輸入嗎？如果沒有，自動駕駛車輛不會做出適當的行為。

相對於此，人會心想：「車速太快可能濺起水花。雨水濺到別人身上，激怒對方，說不定對方要求賠償。看來還是先降低車速應變好了。」經過自行推理，可自己定義出「下雨問題」。阮翔認為，「對於需要自主『找出問題』的應用軟體來說，運用現階段的人工智慧仍有困難。」

Q2 應該運用雲端應用程式介面提供的人工智慧是哪些情況？什麼情況又該研發自有模型？

雖說同樣運用人工智慧，有些可使用雲端服務業者提供的預訓練影像辨識或語音辨識的應用程式介面，有些則研發以自家資料讓人工智慧學習的方法。該如何區分才好呢？

先在雲端上評估

針對使用雲端服務提供的應用程式介面，Future Strategic AI Group 資深工程師加藤究指出，「先仔細清查是否能以現有的應用程式介面來完成訂定的任務，一開始運用雲端服務上公開的應用程式介面是比較聰明的做法。」過去基於資安考量，有些企業對於利用雲端服務有些疑慮，但現在客戶了解其實雲端更安全。

然而，即使通稱ＡＰＩ，應用程式介面的功能和優先順位有些微差異。如果兩個雲端服務提供了相同功能的應用程式介面，必須兩者都試用過，確認細部功能。例如，以光學字元辨識讀取數字的功能來說，微軟 Azure 提供的「Computer Vision API」很好用。另一方面，同樣是光學字元辨識，若要判讀日文，Google 的「Cloud Vision API」略勝一籌。然而，這類功能競爭排名沒多久就會變動，重要的是持續檢視並判斷。

另一方面，使用應用程式介面仍無法達成的任務，或者原本就沒有雲端應用程式介面的小眾任務，Future 使用個別研發的人工智慧，搭配雲端服務提供的應用程式介面來運用。

中元闡述業者的態度，「站在顧問公司的立場，我們堅持獨立性，以完全中立的態度來選擇最理想的產品和服務。如果市場上沒有，我們自行研發。不會只針對特定任務或業種為對象，或者以特定供應商的產品為優先。而是以當下最好的產品自由組合，以便為客戶帶來最理想的解決方案。」

想落實運用人工智慧，必須結合多項技術。為了打造最理想的架構，要思考該使用哪個零件，在設計上避免讓整個系統受到特定供應商鎖定。加藤建議，「不要因為有熟識的業者而倉促定案，必須實際使用，憑數據來比較選定。打造一個有彈性、能夠變更各個細部的系統，至關重要。」

盡量輕鬆作業

透過雲端提供訓練完成應用程式介面的 Google，「從盡量輕鬆作業的角度來看，使用現有的資源就好。」（大藪）「想自行從零打造機器學習的模型，成本相當可觀。如果靠雲端服務能辨到的，就用雲端的服務。」（下田）從這些觀點來看，都建議評估使用應用程式介面。

比方說，影像辨識的 Cloud Vision API 能分辨出影像是否為寶特瓶，卻無法細分是自家產品或競爭對手的產品。這時若準備自家公司的資料，使用 Cloud AutoML 就能輕易打造出獨家的影像辨識、翻譯、文字分類的模型。即使是 Cloud AutoML，「如果訓練時間長，能有超越研究論文水準的準確率。」（大藪）至於 Cloud AutoML 無法處理的語音等資料類別，應該進入考量打造獨家模型來訓練的階段。

使用應用程式介面有哪些課題？

tiwaki 的阮翔建議，「如果是處理可用（影像處理相關等）應用程式介面學習的問題，又擁有理想的資料集，使用雲端服務的應用程式介面比較有效率。」然而，即使同樣號稱能處理影像的應用程式介面，仍必須事先清楚確認能做的事和辦不到的事。阮翔指出，「以敝公司擅長的影像處理相關人工智慧為例，如果是影像屬於哪一個類別的辨識問題，的確有能夠因應的應用程式介面；但如果要偵測出影像中拍到哪個地點哪個類別的物體，這類問題是近幾年迅速成長的領域，雲端的應用程式介面還沒跟上。」

伊藤忠技術解決方案株式會社的寺澤從另一個角度，提醒使用應用程式介面的注意事項。他指出，使用雲端提供的應用程式介面時，必須考量到資料價值外流的狀況。資料本身並未外流，只是在使用應用程式介面之際，資料生成的各種指標，很可能用於讓人工智慧變得更聰明的遷移學習。

所謂遷移學習，指的是將既有的預訓練模型使用在其他領域的技術。藉由將訓練完成的模型轉移到其他領域，即使只有較少的資料和學習量，依然能產生生成的模型，有效解決問題。若是影像領域，幾乎所有情況都可以遷移學習。

根據日本經濟產業省公布的「人工智慧・資料使用相關契約準則」（二〇一八年六月），明載「從運用訓練完成模型的角度，供應商有將使用用戶資料學習的預訓練模型提供給使用者以外之第三者的需求」。因應這樣的條文，「有關權利歸屬和使用條件，希望在服務使用合約上能明訂清楚。」寺澤指出，「（決定人工智慧分析結果的）重點的轉用目前屬於灰色地帶，可能遭他人使用，應該確認使用規則，判斷是否運用雲端服務。」

阮翔也指出，想堅持保護自家公司智慧財產，自行設計模型幾乎不可或缺。他表示，「開源的技術固然很多，但若仔細檢視授權許可的內容，會發現很多細節遊走在法律灰色地帶。」

事實上，不僅是雲端服務，委外研發人工智慧也要特別留意處理智慧財產的問題。

面對的問題能否靠應用程式介面解決？

回到先前的話題。HEROZ的井口整理出使用應用程式介面的情況。「雲端應用程式介面的人工智慧，雖然能解決通用性的問題，卻不適合以高準確率解決的個別課題。首先，最好確認一下自己面對的課題是否能靠雲端提供的模型來解決。要是運氣好，面對的課題是模型可以因應的，使用雲端人工智慧，有效建立起人工智慧系統。」

另一方面，他指出，「有時即使模型並非完全一致，仍有公開的人工智慧模型能解決類似課題。」這時可以藉由客製化現有的模型來有效建立（組合而成的）人工智慧系統。這就是所謂遷移學習。不過，井口繼續提到，「哪些人工智慧模型是公開的，哪些是類似自己面對的問題，不容易判斷。建議徵詢專家的意見。」

如果上述情況都不符合，自行研發模型。自行研發的模型由於是針對特定問題來打造，可以運用當下的技術建立起具備最高準確率的人工智慧系統。

SENSY的岡本說明，「我們在研發上沒有仰賴太多雲端的應用程式介面。」雲端應用程式介面提供的人工智慧，基本上是針對既定的樣式有既定的因應答案。因此，如果從應用程式介面得到的結果是可以當作「零件」來妥善利用的專案，就該評估加以運用。

然而，必須留意下面兩點：

- 專案的形式勿受應用程式介面的形式局限
- 獲得的回應是座標點等經過加工後的結果

前者以針對某成衣業者的服飾影像附加標籤專案為例，如果服裝在使用上需要附加的標籤是「辦公室」、「假日」、「優雅」等情境詞彙，應用程式介面只能回應「外套」、「長褲」這類服裝類別，那麼使用上會有困難。

關於後者，「問題在於應用程式介面這一方的學習器是黑箱，無法像 Word2vec 那樣用來作為特徵量擷取器，這一點是個問題。」（岡本）

深度學習可以想像為拆解成擷取特徵量的部分（特徵量擷取器）和進行資訊處理的兩層，也就是多層感知器（multilayer perceptron）*（資訊處理器）。進行深度學習之後的應用程式介面的回應，從資訊處理器輸出或進一步加工。

SENSY研發的人工智慧，應用遷移學習的思考方式，有時將經過事先學習的特徵量擷取器輸出的資料，再輸入另一個其他的學習器。若單純是來自應用程式介面的回應，無法因應這類模型。

研發適用於商業課題的人工智慧

伊藤忠技術解決方案株式會社的寺澤為客戶進行人工智慧研發時，有類似的想法。針對雲端應用程式介面，他指出，「沒有一個能夠一針見血解決客戶的課題。」他補充說明，「就算有個人工智慧準確猜出人的年齡，可以直接運用在商務上的用途仍然很少，必須與其他人工智慧配合運用。」

過去資訊科技因為多數客戶的課題和解決方案有共通性，如會計管理的商業智慧（ＢＩ）軟體從幾十個範本「挑哪一個來用」，資安防範針對電子郵件或網站的惡意攻擊、定期掃毒等，基本上是「針對想要做什麼，挑選產品」。然而，同樣稱為人工智慧，實際上，寺澤表示，「一百間公司會有一千個課題。一千名員工有十萬個課題。人工智慧是用來解決細分化之後的課題。」因此，使用雲端提供的人工智慧或自行研發模型都無妨，重點是針對商務課題找尋適當解決方案的技巧、人才和合作企業。

未來現成的應用程式介面種類更加齊全，預料功能將逐漸提升，但最終的目的並非運用人工智慧，而是解決商業課題。ＩＧＰＩ的川上表示，「想達到的目的，並非只能靠人工智慧一途。講到改善工廠的生產力，不一定要用到人工智慧，藉由物聯網讓多餘的步驟可視化，省略不必要的作業、步驟等，很多都是靠一般的『改善』就能解決。因應狀況，從人才、人工智慧、機械、其他條件中找出最理想的解決方法，有必要時，全力著手籌備、研發。」基本上，應該先找出解決課題的途徑（圖表6-1）。

＊譯注：一種前向結構的人工神經網路，映射一組輸入向量到一組輸出向量，克服感知器不能對線性不可分數據進行識別的弱點。

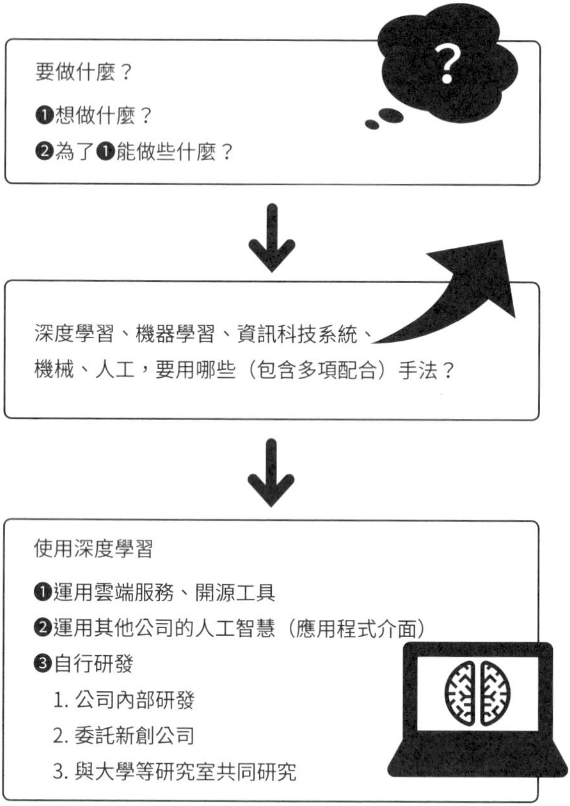
要做什麼？
❶想做什麼？
❷為了❶能做些什麼？
深度學習、機器學習、資訊科技系統、
機械、人工，要用哪些（包含多項配合）手法？
使用深度學習
❶運用雲端服務、開源工具
❷運用其他公司的人工智慧（應用程式介面）
❸自行研發
1. 公司內部研發
2. 委託新創公司
3. 與大學等研究室共同研究

圖表 6-1　構思人工智慧研發的步驟

出處：IGPI Business Analytics & Intelligence 代表董事 CEO 川上登福提供資料

Q3 人工智慧運用在哪類資料比較容易？哪類資料比較困難？

目前深度學習的技術，為了變得「聰明」，需要大量的資料。一般的「監督式學習」，如果要辨識影像，準備影像和搭配的說明數值或文字讓系統學習，使系統可辨識出影像拍到了什麼，或者區分異常與正常。

第二章至第五章介紹的實例，多半保存的資料太少，或者資料無法直接拿來當作學習資料。研發過程中最辛苦又最耗時花費成本的是資料的預處理階段。究竟該怎麼做才不會那麼辛苦？

有無後設資料將影響作業工程

BrainPad 的太田坦言，「很多公司都累積了一定量的資料，不過大多數不是以提供人工智慧運用為前提。」目前在人工智慧分析上使用的資料，當初幾乎都是因為其他目的而儲存下來，形式沒有統一。BrainPad 常遇到客戶很籠統的委託，「想用手邊的資料做些什麼」，遇到這種情況，判斷資料「需整理程度」之後再進行討論。

太田說明，「資料中是否附加後設資料或是否以後設資料為基礎來整理，這些很大程度影響接下來的作業。」

即使都是「擁有影像資料」，是否已經附加了後設資料，或者是立即能使用的影像檔案，還是貼在Word、PDF上的圖片，這些條件很大程度影響預處理的工作負荷。如果是出現在Word或PDF裡的影像，必須從周圍的文字來判斷內容。標籤若是文字，巨集需要自然語言處理技術。假設為了整理資料還得研發文字探勘的人工智慧，不僅作業工程浩大，成本也會增加。

「使用影像資料想達成的目的，需從商業的角度來思考是否值得花費這些成本和心力。不少客戶在這個階段感到疑惑，因而回到原點思考『最初到底是想做什麼？』。」（BrainPad分析服務本部實務開發總監首席資料科學家山崎裕市）

另一個問題是公司內部的資料處理方式。有些機密資料若沒有在社內取得共識不得流出，或者資料分散儲存在員工使用的用戶端電腦，無法使用。「有時即使人工智慧專案負責人很積極，但公司內部步調不一致，資訊系統部門不太願意釋出資料。」（山崎）

適合運用的資料的六項條件

SENSY整理出適合人工智慧運用的資料有六項條件。岡本解釋了人工智慧，特別是機器學習，係「基於過去的經驗（訓練資料集），（比人工更精細）解讀資料集內展現的資料特徵，因應之後給予適當的輸出」。

了解這個概念之後，將人工智慧能運用的資料歸納出大致幾項要件：

(1)經過正規化、調整之後，整理出只該讓人工智慧解讀的資訊
(2)說明資料的資訊很多（用資料集解釋就是列數多）
(3)盡可能鎖定個別資訊
(4)沒有缺損
(5)沒有偏頗
(6)資料數量多

其實(1)的條件經常出狀況，大費周章整理資料。例如，在呈現顏色的紀錄上有著「紅、青、Red」的資訊。但「紅」和「Red」由人工來判斷會知道是同樣的意思，電腦卻認為是兩回事。此外，曾發生讀取散客購買行為的銷售點管理系統資料中，混入了法人帳戶大量採購的資料。還有，顯示收據報表內容的銷售點管理系統資料中，摻有跟購買無關的收銀人員班表紀錄等，實際事例不勝枚舉。

(2)是例如服飾單品，包括顏色、類別、尺寸、價格、說明、氣氛等標籤，能獲得表達資料特徵的資訊越多越好。

(3)的意思是資料越細緻越好。人工智慧的學習是從最小單位的資訊，藉由幾種假設和人工智慧自動學習，將資訊抽象化之後（經過歸納）擷取出特徵。在呈現每筆資料的最小單位方面，假設是購買紀錄，就是購買的個人、個別品項、個別店鋪等「個別」的資訊。相對來說，如果個人的購買紀錄中，消費者的資訊是很概略的「四十多歲男性」，這麼一來，無法回復到「個別」的細緻程度。當然，細緻度高的資料可以做成細緻度低的資料，反之不可行。因此，作為最基礎內容的資料，越細緻越好。

(4)和(5)是談到購買紀錄要確保資料的普遍性，避免落在某個特定期間或偏向某個特定消費族群的紀錄。至於(6)，大家都知道資料越多，學習起來越順利，但出乎意料有少量資料集卻仍得以進行的案子。

Google Cloud Japan的大藪提醒留意資料的偏頗。即使是「希望預測傳單發送量提升多少營業額」的主題，也可能有發送傳單以外的其他因素影響營業額，例如電視廣告。在這種情況下，雖然僅靠傳單資料一樣能得到分析結果，但這個結果是否能明確解決商業課題，另當別論。此外，Google Cloud Japan的下田指出，「人們似乎總認為一定要實際充分了解這些資料才行。其實在評估結果的階段，並不能判斷輸出結果是否恰當。」

tiwaki的阮翔提到另外一個問題，「嚴謹定義何謂好的資料集很難，但基本上必須具備三項條件。」

(1)資料量多
(2)資料標註（附加標籤）品質高
(3)輸出有明確的定義

(3)是過去不曾提出的觀點。例如，就物體辨識來說，不造成誤解，清楚定義辨識對象是很重要的。舉個具體的例子來說，作為辨識對象，「人臉」比「車」來得易懂。為什麼呢？因為「車」是否包含自行車或牽引機，解釋因人而異，模糊不清。但「人臉」不會出現類似的問題。

思考收集所需資料的機制

ＩＧＰＩ的川上說明，「不該因為現在沒有資料而放棄運用人工智慧。」需要用到過去資料的是以運用在業務改善、最佳化為主。例如，機械自動化在現階段多半沒什麼資料，應該探討要取得什麼樣的資料來研發。此外，在資料相形重要的業務上，如何獲得資料成為商業關鍵，應該思考能不能花些心思在收集資料的「必然性」。舉例來說，「Google Maps方便好用，使用者提供所在地點資訊，Google可藉由以此為基礎的廣告事業來獲利。」商業規畫設計非常關鍵。

Q4 在推動人工智慧運用上，公司裡需要有哪些人才？哪些人才應靠外部支援？

運用人工智慧最大的課題，便是確保精通人工智慧的人才。不僅日本，目前全球對於人工智慧人才和資料科學家都有很大的需求。二〇一八年三月，美國科技專業研究機構國際數據資訊（International Data Corporation, IDC）公布全球對於人工智慧和認知技術研究的支出總額。根據該機構的調查資料，二〇一八年的支出額是一百九十一億美元，較前一年增加百分之五十四點二，預料二〇二二年底前將上看五百二十二億美元。然而，現階段「因應」這些專案的人才嚴重不足。

需要的人才有四種

籠統稱為「人工智慧人才」，會弄錯真正需要的技能，以及需要給予的教育。Google Cloud Japan 的下田整理出「需要的人才分為四種」。

(1)在經營上判斷決定運用方向＝人工智慧推動經營者
(2)在商務第一線運用的人＝人工智慧運用人才
(3)研發人工智慧的人＝人工智慧研發者
(4)為人工智慧準備資料的人＝資料收集和整理人才
＊「＝」符號後的名稱係由日經xTREND命名。

下田表示，「最理想的情況是公司內部有這四種人才。」然而，實際上困難重重。能夠委外的是(3)人工智慧研發者和(4)資料收集和整理人才。在公司中發揮最重要功能的是(1)人工智慧推動經營者和(2)人工智慧運用人才。針對(2)人工智慧運用人才，Google Cloud Japan的大藪說明，「能夠了解自家公司的業務流程，並且仔細劃分，知道該改變哪些細節、如何改變，可以帶來多大獲利。能夠決定人工智慧需要到什麼程度的準確率，此外，還要能提議必要的投資並決策。」為了順利推動業務改革和改善業務流程，獲取第一線人員回報並做決策的經營者很重要。

思考從準確率到商業上的意義

公司內部應該有可以運用人工智慧的人才，這是所有人共同的想法。BrainPad的太田指出，「客戶其實不需要勉強招募精通人工智慧的人才或資料科學家。運用人工智慧所需要的人才，是具備彈性思考，且能跨部門溝通的專案負責人。」他接著表示，「從準確率的結果來判斷是否具有商業上的意義。需要的人才是能夠判斷必須將準確率提升到多高，才能成就事業。」

另一個重點是「清楚掌握人工智慧的水準」。調整到什麼程度才能達到可以運用的水準、自動翻譯能不能運用在商務上、掌握了由概念驗證獲得的準確率水準之後能不能有彈性地變更目的等，要實際掌握這類水準，不單單是學習最新技術，還要延伸觸角，熟知其他公司運用人工智慧的實例。

「比方說，目前的自動翻譯已經能理解專業用語、俚語、情境脈絡，但尚未達到『可供閱讀日文』的階段，無法適度運用人工智慧。在資料科學家的專業領域上可判斷委外處理，而公司內部需要的是清楚了解靠人工智慧可以做到什麼程度，並因應調整專案的人才。」（太田）

ＳＥＮＳＹ的渡邊也認為可以運用人工智慧的人才很重要，但指出在技能要求方面必須稍微廣泛一些。

人工智慧技術研發門檻下降的同時，為了解決問題，思考「該輸入什麼、輸出什麼」之後，考量「該學習什麼、該如何最佳化」已逐漸成為重要的階段。事實上，推動研發時，確保學習所需的資料和了解內容至關重要。

渡邊表示，「想適當運用人工智慧技術，需要的人才除了了解靠人工智慧可達到的目的，還要熟知資料本身的內容，以及需要運用人工智慧技術的該項業務。重點是看到這些資料能夠思考前面提到的輸入輸出關係，以及對於學習和最佳化的理想假設，將問題模式化、定型化。」現實上雖然不容易，但以最終目標來說，公司內部應該有這樣的人才。

可以運用人工智慧的人才應該了解的技術

tiwaki 的阮翔整理出人工智慧運用人才應該了解的技術。應該知道的「人工智慧技術知識」主要有下列五項：

(1)人工智慧技術是什麼樣的技術？具備什麼樣的特性？
(2)人工智慧技術的強項、缺點
(3)應用某項技術需要的資源（計算資源、資料等）
(4)時下流行的人工智慧技術全貌
(5)（尤其是研究人員、技術人員）目前研發的最新技術趨勢

前面提到推動人工智慧的經營者需要加深了解人工智慧相關知識，或在身邊配置充分了解人工智慧的人才。「其實我們很擔心，因為高層遲遲不發令執行，或者決定得太慢，導致日本在運用人工智慧方面大幅落後。」（阮翔）

另一方面，人工智慧開發者還是應該委外。阮翔指出人工智慧技術與過去資訊科技之間的差

異。以往資訊科技界的資訊科學研究人員與程式設計師是完全不同領域的專家；相對地，人工智慧研究人員與開發人員的業務內容雖然多少不同，但需要的知識和技能幾乎一樣。加上近來有很多方便好用的開源工具，不懂人工智慧演算法，某種程度上同樣能輕鬆研發和實測。

然而，阮翔也提出警告，「真正要開發商品，而且以提供確實良好的功能為目標，幾乎還是得靠自己來打造演算法。優秀的人工智慧研發人員，必須同時具備研究人員的演算法建構能力，以及開發者的實測能力。事實上，相對於社會需求，這樣的人才可說少之又少。」

有完整人工智慧教育計畫的 Future

Future 這間公司對於培養人工智慧運用人才相當積極。

提到推動運用人工智慧，公司內部該有什麼樣的人才，中元列出條件：「了解人工智慧的本質，並且能判斷是否可作為商業運用的人才；不受到業種或特定解決方案的拘束，可以在技術應用上發揮創意的人才；隨時掌握日新月異的進化技術，並彈性設想到如何運用在自家公司的人才。」

中元同樣主張，「客戶其實不需要勉強招募精通人工智慧的人才或資料科學家。」

如果不是專營人工智慧業務的公司，雇用多名資料科學家和工程師的確很困難。即使公司內部有一名專精人工智慧的人才，能做的事仍然有限。Future 的加藤指出，「如果將人工智慧定位為商業策略中的『工具』，關於人工智慧研發或資料科學的專業領域，委託外部專業單位。公司內部應該培養的人才，是具備通過人工智慧檢定，亦即日本深度學習協會G檢定合格程度的知識，以及能夠規畫如何運用人工智慧達成目標的通用人才。」

此外，他提到提拔年輕理工科人才並讓他們實際接觸人工智慧技術很重要。「在雲端上公開的人工智慧相關應用程式介面，稍微學一下就人人會用。首先，體驗一下技術，讓年輕人實際感受並了解『這些技術能做到什麼』。此外，公司內積極引進就業之後能夠重新學習的『回流教育』，保持這種態度很重要。」（中元）

Future的人才培育計畫讓人很感興趣。該公司以培養資訊科技和人工智慧的高階專業人才為目標，實施了獨創的人工智慧教育和認證計畫「Future AI Certification」。除了Future獨創的人工智慧技術和教育管理之外，還運用了史丹佛大學等機構公布的線上講座，學習教材非常充實。具體來說，大致分成下列四個程度：

・Basic：了解人工智慧理論和基本實用的程度
・Standard：可以執行運用人工智慧顧問實務的程度
・Professional：能夠參與人工智慧專業團隊的程度
・Advanced：能夠負責解讀每個業界包括最新演算法、分析自然語言或預測需求等相關案例的程度比方說，要獲得 Standard 的認證，條件是必須從「Coursera」、「Udemy」、「Udacity」等線上講座中挑選四門課程修完。如果是 Advanced，必須要求在類似「Kaggle」之類全球資料科學家較勁的模型開發競賽中具有入選前百分之二十的水準。目前該公司內部所有顧問都有 Basic 的認證。此外，這個培育計畫對外界開放，培育人工智慧人才不遺餘力。

Q5 運用人工智慧的費用應該如何估算？

研發運用人工智慧的系統時，應該保留多少預算？這個答案沒那麼簡單。其中有個問題，如connectome.design的佐藤所指出的，「現在正是市場形成的階段，沒有行情。」另一個問題是，人工智慧系統的研發與從需求定義到測試都依循一定步驟的「瀑布式開發」（waterfall）不同，很難保證有最終成果，提出「系統開發整體估價」也有難度。估算的重點跟資訊科技開發不同。

首先判斷是否該在前期概念驗證下開發

伊藤忠技術解決方案株式會社的寺澤表明，「價格無法一概而論。『我出五千萬日圓，希望能研發出保證具備一定功能的人工智慧』這種開發方式，在人工智慧領域很難行得通。」運用、分析人工智慧的專案，不適合套用從基本規畫、設計到寫程式、測試都依照計畫進行的瀑布式，而是不斷試誤來提升功能的敏捷式開發（agile）比較適合。

因此，多半會執行概念驗證來檢驗最初的概念是否恰當。但寺澤指出，「就算是這樣也很花錢。」例如，每個月確保兩人進行作業，執行三個月總共六個人月。由於這個業界的單價高昂，如果以每人每月三百萬日圓來計算，總計一千八百萬日圓。此外，「公司通常捨得對『物品』出錢，卻很難投資在『人』的身上。」寺澤道出了現實。因此，有時連概念驗證都無法執行。

於是，在預見一般人對待費用的看法下，寺澤提議，「建立前期概念驗證（pre-POC）的效果不錯。」大概花一個半月，判斷執行概念驗證究竟有沒有意義。這時首先要檢視資料。觀察平均值、中間值、分散度等基本統計量，再思考設為目標變數的資料。例如，若設定為偵測異常，但顯示異常狀況的資料極少，就知道機器學習有困難。此外，如果是影像資料，看看攝影方法、明暗、陰影和拍攝角度的差異，判斷是否真的適合使用深度學習，或是有其他更好的手法。

前期概念驗證還有意想不到的用途。寺澤表示，「客戶公司執行人工智慧專案本身，有時就是需要思考的問題。（了解第一線有執行困難時）以這個方式定量、定性來展現為什麼建議客戶放棄，是很有效的手法。」

以機器學習應用系統的每個生命週期來付費

BrainPad 研發人工智慧時經常遇到「請提出整個案子的估價」之類要求。然而，他們告訴客戶「只能估算大略數字」。因為人工智慧的預算在規畫階段還無法評估最終的成本。該公司配合「機器學習應用系統的生命週期」（圖表6-2），分階段更新合約。

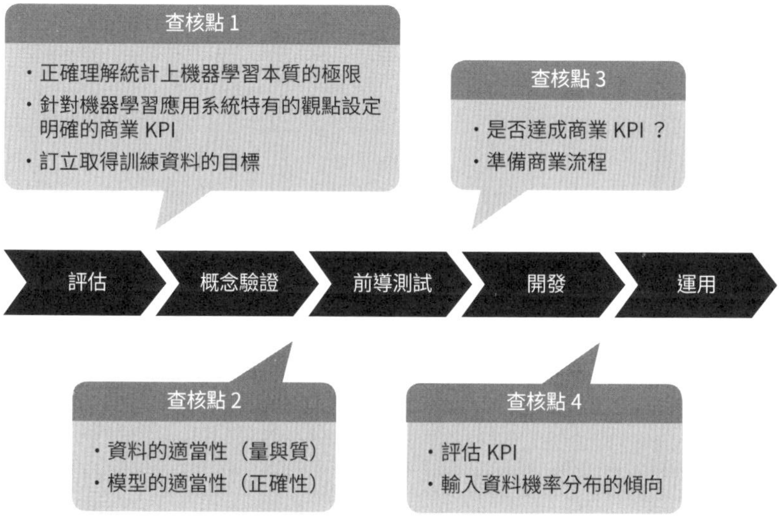

※KPI ＝關鍵績效指標（key performance indicators）
※「機器學習應用系統的生命週期」出自「日本軟體科學會第 34 屆大會（2017 年度）《演講論文集》〈展望機器學習工學〉」（日本ソフトウェア科学会第 34 回大会 (2017 年度)『講演論文集』「機械学習工学に向けて」），丸山宏（http://jssst.or.jp/files/user/taikai/2017/GENERAL/general6-1.pdf）。日經 xTREND 整理編彙

圖表 6-2　機器學習應用系統的生命週期

概要如下：將各個階段大致分為「評估（準備）」、「概念驗證」、「前導測試」、「開發」、「運用」，每個完成的階段便是查核點。

評估時必須釐清各項重點，包括資料是否夠完整、以解決課題的手法來看人工智慧是否最適當、商業上是否有執行的價值等。這就是伊藤忠技術解決方案株式會社的寺澤所說的「前期概念驗證」。

接下來的概念驗證階段，檢驗是否出現預期的準確率。如果沒有，評估是否轉換其他用途或調整改善準確率。由研究人員還是人工智慧運用人才來擔任專案負責人，有時判斷會出現差異。BrainPad的太田主張，「進入前導測試之前，必須在取得實際使用者等人的共識之後，決定可以適用在商業上的哪一個環節。」

前導測試是從運用和成本的角度來檢驗在商業上執行是否有意義。一旦在這個階段下達執行指令，就會進行開發、運用。然而，並不是開發了人工智慧系統就結束。編列預算時，必須考量到開發之後運用時還要持續修改、再學習。

分割任務依序判斷是否能實現

IGPI的川上說明，「就深度學習來說，概念驗證的意義與其說是檢驗服務概念，更重要的是分割想達成的任務，並判斷每個任務能否實現。」任務分割指的是什麼？例如，將咖啡從咖

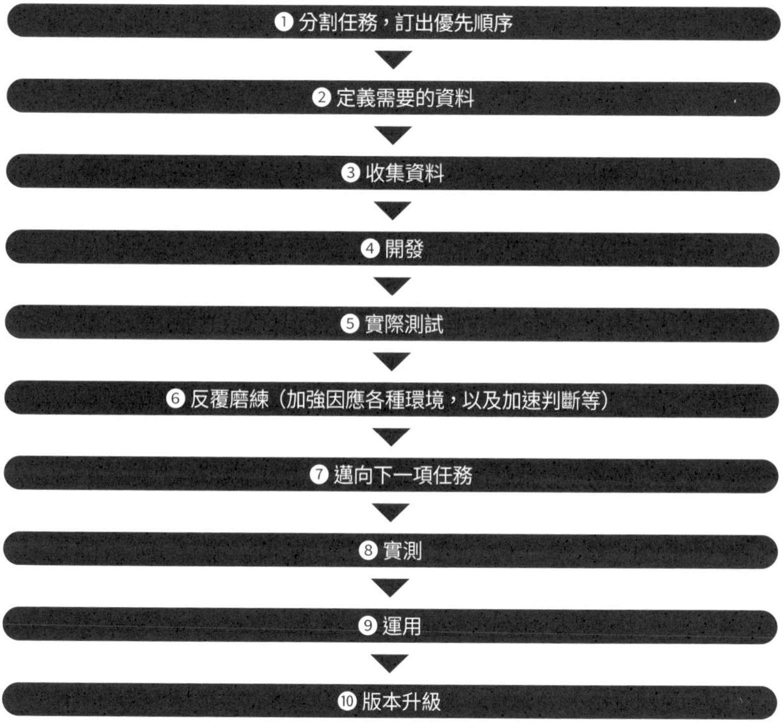

圖表 6-3　最初必須先分割任務

出處：IGPI Business Analytics & Intelligence 代表董事 CEO 川上登福提供資料

啡壺倒入杯子裡的一連串作業，可分為辨識咖啡壺、控制拿起咖啡壺的致動器、辨識杯子、控制將咖啡倒入杯子裡的致動器、辨識和控制適當分量等多項任務。像這樣分割之後，判斷所有任務都由人工智慧來控制，或者倒出適量咖啡之類部分工作由機械來控制，設計出人工智慧、人工與機械的分工，在需要的環節上以深度學習來研發，這是非常重要的（圖表6－3）。

各個人工智慧開發公司可以將其中人工智慧開發和運用的步驟分開來估算，接下來仔細解說估算事項。

以導入的四個項目和運用的兩個項目來彙整費用

SENSY建議將運用人工智慧的費用分成兩階段來思考：「初始階段（導入人工智慧技術）需要的成本」和「營運階段（運用和改善循環）需要的成本」。

初始階段的花費有下列四個項目：

(1)訂立人工智慧策略：針對以人工智慧解決的問題適當模式化、定型化所需的成本。這是最重要的一項，應該重點投資（包括時間成本在內）

(2)研究開發：根據(1)所訂立的計畫，研究和開發所需人工智慧技術的必要成本

(3)收集整理資料：整理出進行(1)、(2)時所需資料的成本

(4)系統開發：將(2)開發出的技術納入實際商業上營運的系統，或者開發全新系統的成本。有時這個項目的成本比前面三項來得高

營運階段需要的成本有下列兩項：

(1)持續性的改善：與初始階段的(1)、(2)、(4)相關的成本
(2)新增更完整的資料：當(1)需要新增資料時收集整理的成本

渡邊指出，「人工智慧技術還在發展的階段，並不是導入之後就結束，持續保持改善循環，將是成敗的重大關鍵。」

別吝於在標註上投資

tiwaki 的阮翔表示，「估算核心的人工智慧技術研發費用並不難。」目前的人工智慧技術幾乎都是以機器學習的基礎打造，從研發到運用分成下列(1)～(7)的步驟，可以各自估算這些步驟的費用：

(1)收集資料：在影像處理人工智慧上收集辨識對象的影像。有時用於拍攝的攝影機選用也很重要

(2)標註：在影像處理人工智慧上，為了學習方便，以人工來記錄每筆影像拍攝的是什麼、在哪裡拍攝等附加資訊

(3)評估資料庫：依照功能評估指標製作的作業。有時視為(1)和(2)的一部分

(4)選定需要的計算資源：決定使用雲端或個人電腦，加上圖形處理器等所需硬體配備的估算

(5)工具：決定使用現有工具、開源工具或從頭自行打造。運用現有工具，演算法要加工到什麼程度，並依此估算需投入的開發人員和時間

(6)營運成本：根據型態，有時產生營運成本，同樣要估算。若是雲端服務，可以從預估的用戶數、通訊資料流量來估算營運的費用

(7)版本更新：事先預估產品上市之後需要多少程度的版本更新，估算費用

其中絕對不能省的投資是(2)標註。阮翔表示，「標註作業耗費的成本很高。不過，人工智慧的功能非常仰賴學習時給予的資料品質，標註太馬虎，無法展現完整的功能。有時連公開的資料庫標註也做得很籠統，最好留意。反之，如果標註的品質良好，即使資料的數量不多，仍能提升功能。」

至於版本更新的必要性，應該如何評估才好？例如，運用臉部偵測的產品，如果一開始便打

造高性能的模型，產品上市後不需要太頻繁更新版本。除非遇到特殊狀況無法發揮功能，或者接到客訴，才需要提升技術。另一方面，如果是顧客心理分析和趨勢分析之類的人工智慧服務，藉由服務可累積新的資料，或許需要定期再學習。由於有頻繁的預測模型更新，需要評估系統的營運成本。

此外，阮翔說明，「核心的人工智慧技術以外的系統開發步驟，跟以往的資訊科技沒有太大差別，費用的估算也一樣。」

同樣的專案也會有超過十倍的價差

如前所述，人工智慧的導入和運用，應該留意的是成本結構與現有資訊科技系統不同。相較於從要件定義開始，經過設計、開發到測試工程完成的現有資訊科技系統，建立人工智慧的系統是在開發的同時進行系統提升、維護和運用。此外，維護和運用也需要人工智慧的知識。

「人工智慧的維護和運用，需要系統整合與工程的知識。人工智慧系統每當遇到環境變化，必須再次學習或新增學習。換言之，開發階段先規畫好能夠吸收未來變更的設計。可惜的是，目前預想到再學習階段來編列預算的公司仍屬少數。」（connectome.design 的佐藤）

在這樣的課題背景下，發現日本企業有預算審議流程的問題。由於人工智慧系統的開發和營運計畫沒辦法套用於現行制度，導致無法編列預算。「人工智慧系統建置的費用屬於研發費或營運費？」有些專案甚至因為這些爭論而停擺。有些案例則是「反正已經買下來了，一定要通過預算」，投入大筆資金購買人工智慧系統，後續卻未確保營運費用，導致無法再次學習。這類情況並不少見。

那麼，人工智慧系統有沒有合理公道的價格呢？

佐藤指出，「目前正值市場逐漸成形的階段，沒有固定的行情。日本深度學習協會全面收集專案及其規模的相關資訊，正努力掌握價格區間。不過，目前要估算出類似參考價格的平均值還很難。」

對於人工智慧抱持過度期待，或者隱隱感受到不能什麼都不做、具有危機意識的公司，很容易完全不評估費用與效果之間的關係就投入大筆資金。佐藤表示，「（提供人工智慧系統的）商業策略各有不同，同樣的專案也會有超過十倍的價差。」

另一方面，提供人工智慧系統的供應商，商業模型分歧不一。有些大型資訊科技業供應商無償統包概念驗證的作業，在正式系統中回收概念驗證作業的成本。人工智慧實際測試資料極度不足時，以概念驗證取得的結果同樣是很寶貴的「資產」。對大型資訊科技供應商來說，概念驗證也是一種研發。根據這些現況，公司確實有著手開發人工智慧的必要。

Q6 成功運用人工智慧的關鍵是什麼？

究竟怎麼做才能成功運用人工智慧？前面已經提出五個問題。若再追問整體而言最重要的是什麼，可以歸納出三個重點：「經營的想像力」、「業務影響和費用估算」、「以多產多死為前提，持續挑戰」。

經營的想像力

在運用人工智慧上最重要的是什麼？Future 的中元提出看法，「企業高層的想像力正是運用人工智慧的動力。」他補充說明，「能否讓業務成立的假設能力和構想力，再來是投資意志和迅速決策。以企業體的改革和人工智慧為核心進行數位轉型是很重要的。」

BrainPad 的山崎主張，「運用人工智慧時很重要的一點是想像實際的使用情境。」先有了想像，就能選擇哪些是必須的取捨，並判斷能做到什麼，哪些是辦不到的。從這個角度來看，可知必須有理解「人工智慧能力水準」的人工智慧運用人才。同樣任職於 BrainPad 的太田指出，「人工智慧是手法而非目的，一旦判斷錯誤就會失敗。」

SENSY的渡邊表示，「首先要仔細擬定人工智慧策略。研發和資料都很重要，但決定成果好壞的是策略。策略好壞對人工智慧專案成果的影響差別，可能達百倍也不為過。」

將具備鑑別能力的人工智慧運用人才上呈的意見，忠實反映在經營策略上，這是經營團隊的任務。該如何解讀人工智慧創造出的企業業務高效率，以及附加價值所創造的業務效果，考驗著以技術趨勢為基礎，自行開創未來的能力。

業務影響和費用估算

伊藤忠技術解決方案株式會社的寺澤說明，「最應該重視的是業務效果。」首先該思考的是，計畫用人工智慧來取代的作業將花費多少時間和費用，以人工智慧取代後可以削減多少。創造的附加價值也一樣，以預期能增加多少營業額來訂出投資人工智慧的金額。

HEROZ的井口也主張最重要的是，「先釐清試圖解決的課題，並釐清這些課題在經濟上的價值。」

想要落實，必須估算投資金額。tiwaki的阮翔表示，「最重要的是，正確理解人工智慧的技術。了解技術特性當然是首要之務，還應該徹底理解開發步驟。」他認為，不僅要確保有技術人員和高規格的計算資源，資料收集和標註作業的成本比想像中高，這些都會影響技術的功能，但目前很多人對實際狀況理解不足。因此，經常聽到無法說服主管，導致爭取預算失敗，或者勉強推動後開發成果不上不下，造成對人工智慧失望等案例。

在業務部門掌控專案的人工智慧運用人才，更是必須理解人工智慧的技術特性。

以多產多死為前提，持續挑戰

Google Cloud Japan的下田提到，「多產多死很重要。」他的意思是，檯面上看到的成功案例，其實背後有十倍的失敗案例。舉例來說，向人工智慧開發公司提出需求建議書（request for proposal, RFP）之後，「三年內投資十億日圓，打造這種規模的人工智慧！」，希望一戰定江山、只想擊出全壘打，通常事與願違。對於準確率很難保證的人工智慧來說，最好將開發、檢驗的期間切割得短一點，以容易預期的範圍來訂立預算。

同樣任職於Google Cloud Japan的大藪表示，「運用人工智慧的目的是提升商業上的價值。熟知其他公司的案例後，掌握『人工智慧可以使用在這些地方』的感覺很重要。」他主張，並非先入為主地認定非人工智慧不可，而是以解決商業課題的角度來切入。

connectome.design的佐藤主張，「未來人工智慧的運用很重要的一點是類推式（analogy）思考。」意即勿執著於固定的領域，可以用一個成功案例來解決不同業種課題的應用能力。「以分析生產線時間序列資料可以成功偵測和預防異常狀況的例子來說，應用這項技術，或許能在健康醫療領域有效預防疾病。舉例來說，一般物體的辨識技術，將有助於癌症的病理診斷。未來需要的人才是能夠判斷發展方向，並具備『能做的事立刻著手』的行動力。」（佐藤）

人工智慧的運用其實沒什麼特別。需要的是公司在推動新業務或改革現有業務上獲得重要的業務支援，以及業務負責人的熱忱，再加上對人工智慧技術特性些微的理解。

結語

請容我說件私事。二〇一七年十二月某個週末，我在電腦前面緊張得不得了。因為我參加了日本深度學習協會首次舉辦的線上「G檢定」測驗，這個檢定的目的在於測試參加者是否具備在業務上運用深度學習的知識。自從多益英語測驗（TOEIC）之後，我已經有十多年沒參加這類測驗。不過，我很想確認長期參與關注人工智慧的媒體，自己的知識是否已達到充分水準。

測驗題目總共超過兩百題，內容包括深度學習的手法和趨勢，限時兩小時作答完畢。由於測驗重點放在「應用於業務的知識」，可以預料到有不少業務方面的問題，但實際上考驗技術知識的題目不少。「『天下沒有白吃的午餐定理』是什麼？」這種第一次聽到的詞彙很多。好不容易總算在限時內全部答完，沒什麼把握地結束作答。結果居然通過，簡直是奇蹟。大概因為是選擇題，即使印象模糊，也能憑直覺答對吧。

二〇一八年春季，日本深度學習協會委託我製作商務應用案例集。我與多年來採訪該協會理事長松尾豐老師的日經xTREND記者多田和市討論。

當時標榜編輯方向為「新興市場創業人的數位策略媒體」的日經xTREND才剛創刊，我們希望提供從事新業務發展和行銷的人員邁向商業成功未來的潮流趨勢。如果能發揮我們的見解，或許可以讓深度學習技術之外的其他面向受到關注……。在這樣的想法下，策畫了這本書，順利出版。

建議本書讀者務必挑戰G檢定，測試個人實力。或許不久之後，參加深度學習相關的測驗將像英語能力、會計檢定一樣普遍。

本書能夠順利出版，最重要的是獲得各受訪單位鼎力相助，謝謝他們願意分享挑戰運用深度學習的寶貴經驗。無論是大企業或新創公司，勇於挑戰新事物的人總是魅力十足。這次陸續採訪到許多令人興奮的案例，在此先向各位道謝。

此外，感謝協助監修的日本深度學習協會。包括松尾老師在內的諸位人士，提供理解深度學習活用的寶貴觀點，成為本書重要的編輯方向。也感謝事務局的諸位人士盡力調整採訪行程。

最後，本書負責執筆的團隊，包括日經xTREND的記者多田、小林直樹、中村勇介，以及日經BP社矽谷支局編輯委員市嶋洋平、文字記者今井拓司、岩元直久、青山祐輔、鈴木恭子、橋本史郎、堀純一郎。

希望本書能在各位讀者運用深度學習時有所助益，則甚幸。

二〇一八年十月　日經xTREND開發長暨副總編輯　杉本昭彥

國家圖書館出版品預行編目資料

深度學習的商戰必修課：人工智慧實用案例解析，看35家走在時代尖端的日本企業如何翻轉思考活用AI／日經xTREND編；日本深度學習協會監修；葉韋利譯. -- 初版. -- 臺北市：臉譜，城邦文化出版：家庭傳媒城邦分公司發行, 2020.01
面； 公分. --（科普漫遊；FQ2014）
譯自：ディープラーニング活用の教科書：先進35社の挑戰から読むAIの未来
ISBN 978-986-235-792-7（平裝）
1. 人工智慧 2. 個案研究
312.83 108017846

科普漫遊 FQ2014

深度學習的商戰必修課
人工智慧實用案例解析，看35家走在時代尖端的日本企業如何翻轉思考活用AI

編　　者 日經xTREND
監　　修 日本深度學習協會
譯　　者 葉韋利
副總編輯 劉麗真
主　　編 陳逸瑛、顧立平
封面設計 廖韡

發 行 人 涂玉雲
出　　版 臉譜出版
城邦文化事業股份有限公司
台北市中山區民生東路二段141號5樓
電話：886-2-25007696 傳真：886-2-25001952
發　　行 英屬蓋曼群島商家庭傳媒股份有限公司城邦分公司
台北市中山區民生東路二段141號11樓
客服服務專線：886-2-25007718；25007719
24小時傳真專線：886-2-25001990；25001991
服務時間：週一至週五上午09:30-12:00；下午13:30-17:00
劃撥帳號：19863813 戶名：書虫股份有限公司
讀者服務信箱：service@readingclub.com.tw
香港發行所 城邦（香港）出版集團有限公司
香港灣仔駱克道193號東超商業中心1樓
電話：852-25086231 傳真：852-25789337
馬新發行所 城邦（馬新）出版集團 Cité (M) Sdn Bhd
41-3, Jalan Radin Anum, Bandar Baru Sri Petaling, 57000 Kuala Lumpur, Malaysia
電話：603-90563833 傳真：603-90576622
E-mail: services@cite.my

城邦讀書花園
www.cite.com.tw

初 版 一 刷 2020年1月30日
ISBN 978-986-235-792-7
定價：420元